統計スポットライト・シリーズ **6**

編集幹事 島谷健一郎・宮岡悦良

イベント時系列 解析入門

小山慎介・島崎秀昭 著

近代科学社

統計スポットライト・シリーズ
刊行の辞

　データを観る目やデータの分析への重要性が高まっている今日，統計手法の学習をする人がしばしば直面する問題として，次の3つが挙げられます.

1. 統計手法の中で使われている数学を用いた理論的側面
2. 実際のデータに対して計算を実行するためのソフトウェアの使い方
3. 数学や計算以前の，そもそもの統計学の考え方や発想

統計学の教科書は，どれもおおむね以上の3点を網羅していますが，逆にそのために個別の問題に対応している部分が限られ，また，分厚い書籍の中のどこでどの問題に触れているのか，初学者にわかりにくいものとなりがちです.

　この「統計スポットライト・シリーズ」の各巻では，3つの問題の中の特定の事項に絞り，その話題を論じていきます.

　1は，統計学（特に，数理統計学）の教科書ならば必ず書いてある事項ですが，統計学全般にわたる教科書では，えてして同じような説明，同じような流れになりがちです. 通常の教科書とは異なる切り口で，統計の中の特定の数学や理論的背景に着目して掘り下げていきます.

　2は，ともすれば答え（数値）を求めるためだけに計算ソフトウェアを使いがちですが，それは計算ソフトウェアの使い方として適切とは言えません. 実際のデータを統計解析するために計算ソフトウェアをどう使いこなすかを提示していきます.

　3は，データを手にしたとき最初にすべきこと，データ解析で意識しておくべきこと，結果を解釈するときに肝に銘じておきたいこと，その後の解析を見越したデータ収集，等々，統計解析に従事する上で必要とされる見方，考え方を紹介していきます.

一口にデータや統計といっても，それは自然科学，社会科学，人文科学に渡って広く利用されています．各研究者が主にどの分野に身を置くかや，どんなデータに携わってきたかにより，統計学に対する価値観や研究姿勢は大きく異なります．あるいは，データを扱う目的が，真理の発見や探求なのか，予測や実用目的かによっても異なってきます．

本シリーズはすべて，本文と右端の傍注という構成です．傍注には，本文の補足などに加え，研究者の間で意見が分かれるような，著者個人の主張や好みが混じることもあります．あるいは，最先端の手法であるが故に議論が分かれるものもあるかもしれません．

そうした統計解析に関する多様な考え方を知る中で，読者はそれぞれ自分に合うやり方や考え方をみつけ，それに準じたデータ解析を進めていくのが妥当なのではないでしょうか．統計学および統計研究者がはらむ多様性も，本シリーズの目指すところです．

編集委員　島谷健一郎・宮岡悦良

まえがき

　神経活動，感染症，地震，ソーシャル・ネットワーキング・サービス (SNS) 上の投稿，金融市場における注文履歴，交通事故，犯罪や紛争など，自然や社会に見られる様々な現象がイベント（事象）として記録される．本書は，時間の経過とともに発生するイベントの系列をモデル化し分析する方法を提供する．そのための主なツールは点過程と状態空間モデルである．

　点過程は，連続的な時間や空間上に発生する離散的なイベントを記述する確率過程である．点過程はイベントが発生する領域に従って**時間点過程**と**空間点過程**に大別される．本書で扱うのは時間点過程である[1]．時間点過程（以下では単に"点過程"と呼ぶ）では，イベントは因果性を持ち，時間軸に沿って発生順に並べられる．一般にイベントが発生する確率は過去に生じたイベントの影響を受ける．例えば，神経細胞はスパイク発火の直後の 5ms 程度の期間は再び発火できない．また，大きな地震の発生後はその後の余震の発生確率が上昇する．これらはイベント生成が過去のイベント生成履歴に依存する例である．点過程では，このような因果性はイベント発生確率が過去の履歴に条件付けられることで表される．本書の目的は，このような性質を持つイベント時系列の数理的な枠組みを与え，様々な現象のモデリングとデータ解析に応用することである．

　本書の多くの部分は点過程の説明に当てられているので，点過程の入門書として読むことができる．一方で，状態空間モデルを扱った良書はたくさんあるので[2]，包括的な解説はそれらに任せて，ここでは必要な範囲の導入と技術的な側面を解説することにした．

　本書は，理工学部で学習する微分積分学，線形代数，確率統計に関する基礎知識を前提としている．予備知識としてはこれ以上を必要としないが，初等的な確率過程と状態空間モデルに関する

点過程：point process

時間点過程：temporal point process
空間点過程：spacial point process

[1] 空間点過程についてはを同シリーズの [24] を参照．

[2] 状態空間モデルに関する書籍はたくさんあるのですべてを挙げることはできないが，本書の記述に参考にしたものとして [4,25,28] を挙げる．

知識があることが望ましく，レベルは中級以上である．

　本書の構成は以下のとおりである．第 1 章ではイベント時系列の記述方法と基本的な記述統計について解説する．第 2 章では一様ポアソン過程から出発し，第 3 章と第 4 章ではそれぞれリニューアル過程と非一様ポアソン過程を解説する．これらの章は初学者のための入門を意図した内容になっている．第 5 章では，イベント生成確率が過去の履歴に依存する一般の点過程を導入し，より応用範囲の広いマーク付点過程についても解説する．第 6 章ではカウント時系列モデルを扱う．カウント時系列モデルは，イベント発生件数が区間ごとに集計されたデータに対する統計モデルである．第 7 章では，状態空間モデルによるイベント時系列解析を解説する．最後の第 8 章では，イベント時系列解析の応用例を紹介する．ここで扱うのは，神経活動，SNS，感染症 (COVID-19) と最近の話題を含んでおり，著者自身の研究に基づいている．

　最後に，執筆を勧めてくださった島谷健一郎先生をはじめ編集委員の方々，誤植の指摘や有益なコメントを頂いた学生の萩原成基さん，石原憲さん，野田栄太郎さんに，この場を借りて深く御礼申し上げます．また，著者らをこの分野に導いてくれた指導教員の篠本（滋）さん[3] に感謝いたします．

2023 年 4 月
小山慎介
島崎秀昭

[3] 京都大学の非線形動力学研究室では "先生" と呼ぶのは御法度だったので，敬意を込めて "さん" 付けで呼ばせていただきます．

目　次

4 非一様ポアソン過程

5 点過程の一般論

6 カウント時系列モデル

7 状態空間モデルによるイベント時系列解析

8 応用

1 ▶ イベント時系列の記述

1.1 ▶ イベント時系列とは

　イベント（事象）とは観察しうる形をとって現れる事柄であり，それが現れる時刻が記録できるものである．複数のイベントが時間の経過とともに発生する様子を観察したものがイベント時系列である．自然や社会で見られる様々な現象がイベント時系列として記録される．神経活動，SNS 上の投稿，感染症，地震，金融市場における注文履歴，交通事故，犯罪や紛争などはその例である．第 8 章で取り上げるいくつかの例で詳しく見てみよう．

神経活動　神経細胞は "スパイク" と呼ばれる鋭く尖った波形の電気パルスを介して情報伝達を行っている．スパイク波形は 1 つの細胞ではほぼ一定である．したがってスパイクの振幅や幅といった形にではなく，発生した時刻が情報として意味を持つ．スパイク発火をイベントと見なすことで，神経活動はイベント時系列で表すことができる（図 1.1）．脳内では様々な情報がスパイク時系列に表現されている．スパイク時系列から情報を読み取ること（デコーディング）ができれば，動物や人の意図を読み取ったり，コンピュータやロボットの操作に利用したりできる．8.1 節ではイベント時系列解析をこのような問題に応用する．

ソーシャル・ネットワーキング・サービス (SNS)　インターネットを介した膨大なコミュニケーションが国境を超えて行われ，ネット上の発言が社会に大きな影響力を持つようになった．SNS の投稿や書き込みをイベントとすれば，時間に沿ったそれらの履歴は

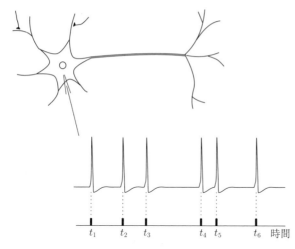

図 1.1 神経細胞とスパイクの模式図. スパイクが発生した時刻に着目すると神経活動はイベント時系列と見なせる.

イベント時系列になる（図 1.2）. SNS 上のコミュニケーションの特徴は，投稿がさらなる投稿や書き込みを誘発する連鎖反応である. 特にある言動に対してコメントが集中的に寄せられる状態は"炎上"と呼ばれる. 8.3 節では，コメントが投稿されるタイミングの時系列データから連鎖反応を引き起こす影響力を定量的に評価する方法を解説する.

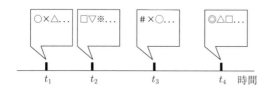

図 1.2 SNS 上の投稿をイベントと見なし，そのタイミングに着目するとイベント時系列になる.

感染症 コロナウイルス感染症 2019 (COVID-19) は 2019 年 12 月に中国・武漢で初めて報告され，瞬く間に世界中に流行が広がった. 各国は都市閉鎖などの緊急の政策を実施したが，感染拡大を抑える一方で社会経済への影響も懸念された. 感染症への対策は，公衆衛生および社会経済の喫緊の課題である. 感染をイベントと

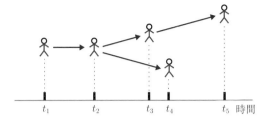

図 1.3 感染症は人から人へと伝播する．感染時刻に着目すると感染症の伝播はイベント時系列になる．

すれば感染時刻の系列はイベント時系列になり（図1.3），イベント発生件数から感染の拡大や収束の傾向を推測することができる．ただし，実際には個々の感染時刻を観測することはできず，検査で陽性と判定された人数が日別に報告される[1]．8.4節では，このような新規陽性者数の時系列から感染の拡大や収束の傾向を示す実効再生産数を推定する方法を紹介する．

　イベント時系列解析の目的は，データに基づいてこれらの事象を分析し，信号や情報を読み取ったり，将来の動向を予測したりすることである．本書ではこのような目的のために必要な数理的方法を学ぶ．

1.2　イベント時系列の表現

　イベントが起こる時刻に着目して時系列を表現する方法を導入しよう．時間の原点を 0 にとり，$i\,(=1,2,\ldots)$ 番目のイベントの発生時刻を $t_i > 0$ とする．各々のイベントは発生時刻で順序付けられているので

$$t_i < t_{i+1} \quad (i = 1, 2, \ldots) \tag{1.1}$$

を満たす．このようなイベント時刻の集合 $\{t_1, t_2, \ldots\}$ がイベント時系列の最も基本的な表現である．

　また，連続して発生するイベントの時間間隔を $x_i = t_i - t_{i-1}$ $(i \geq 2)$ とする．最初の時間間隔を $x_1 = t_1$ とすると[2]，イベント時刻は

[1] 初期の新型コロナウイルスでは，感染してから潜伏期間を経て発症し，検査で陽性と判定されるまで平均で 7 日から 10 日程かかるようだ．データを見るときにはこの時間差を勘定に入れる必要がある．

[2] それ以前がないので x_1 を定めることはできないが，数学的な便利さからこう決めておく．時刻 0 でイベントが起こったとしているわけではないことに注意．

$$t_i = \sum_{j=1}^{i} x_j \tag{1.2}$$

と求められるので，イベント間隔列 $\{x_1, x_2, \ldots\}$ もイベント時系列の等価な表現である．

時刻 t までに発生したイベント数を $N(t)$ とする．$N(t)$ は $\{t_1, t_2, \ldots\}$ を用いて

$$N(t) = \sum_{i \geq 1} \chi_{(0,t]}(t_i) \tag{1.3}$$

と表すことができる．ここで

$$\chi_{(0,t]}(t_i) = \begin{cases} 1, & t_i \in (0,t] \\ 0, & \text{それ以外} \end{cases} \tag{1.4}$$

は指示関数 (indicator function) である[3]．$N(t)$ は次の性質を持つ時間の関数である．

1. $N(0) = 0$.

2. $N(t)$ は非負整数値をとる．

3. $s < t$ ならば $N(s) \leq N(t)$.

4. $s < t$ に対して $N(t) - N(s)$ は期間 $(s,t]$ に発生するイベント数を表す．

逆に上の性質 1–4 を満たす時間の関数 $N(t)$ が与えられたとき，$N(t)$ の値がジャンプする時点がイベント時刻を与える[4]．したがって，$\{N(t) : t \geq 0\}$ もまたイベント時系列の等価な表現である[5]．図 1.4 に 3 つの表現方法を図示した．

なお，本書の大部分はイベントの発生時刻のみを扱うが，一方で，発生時刻だけではなくイベントの内容や属性情報を含めて分析したい場合もある．このような場合に対するモデリングは 5.2 節のマーク付き点過程で扱う．

[3] ここで $(0,t]$ は 0 を含まず t を含む期間を表す．

[4] 数学的に表すと $t_i = \inf_t \{t : N(t) \geq i\}$

[5] $\{N(t) : t \geq 0\}$ は計数過程 (counting process) と呼ばれる．

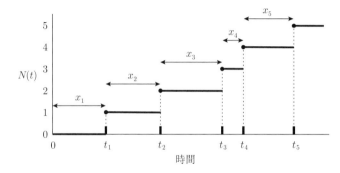

図 1.4　イベント時系列の 3 つの表現方法．イベント時刻 $\{t_1, t_2, \ldots\}$,
イベント間隔 $\{x_1, x_2, \ldots\}$,およびイベント数 $\{N(t) : t \geq 0\}$.

1.3　記述統計

　平均や分散などを用いてイベント時系列の特徴を簡潔に表した
り図示することはデータ解析の第一歩である．ここでは，イベン
ト間隔とイベント数に対する基本的な記述統計量を導入する．

1.3.1　変動係数

　図 1.5 の 3 つのイベント時系列を見てみよう．一見してこれら
の時系列のパターンに違いがあるのがわかる．上の時系列はイベ
ント発生タイミングのばらつきが大きく，下の時系列ほどより規
則的になる．このような違いを端的に表す指標を導入する．
　n 個のイベント間隔 $\{x_1, \ldots, x_n\}$ に対して，標本平均と標本分
散はそれぞれ以下で与えられる．

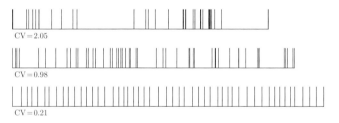

図 1.5　ばらつき具合の異なる 3 つのイベント時系列．横軸は時間を表
し，縦線はイベント発生時刻を表す．

$$\overline{x} = \frac{1}{n} \sum_{i=1}^{n} x_i \tag{1.5}$$

$$s^2 = \frac{1}{n} \sum_{i=1}^{n} (x_i - \overline{x})^2 \tag{1.6}$$

イベント間隔の平均は発生頻度に関係する量で，平均値が小さいほど発生頻度が大きい．標本分散はイベント間隔のばらつきを表すが時間の二乗の次元を持つので，異なる頻度のデータ間で比較するためには，標準偏差を平均値で割って無次元化した量をばらつきの指標にすればよい．

$$CV = \frac{\sqrt{s^2}}{\overline{x}} \tag{1.7}$$

これを**変動係数**という．図 1.5 にそれぞれのイベント時系列に対する CV 値を載せた．CV 値と比べながらイベントのばらつき具合を眺めてみよう．断続的にイベントが密になって発生するバースト的な時系列は CV 値が大きく，同じような間隔で規則的に発生する時系列は CV 値が小さい．第 2 章で見るように，ランダム[6] なイベント生成過程のモデルである一様ポアソン過程に対して CV 値の期待値は 1 である．これを基準にして CV 値が 1 より大きいとバースト的，小さいと規則的と見なすことがある．

変動係数：coefficient of variation

[6] イベントが一様な頻度で互いに独立に発生するという意味．

▌1.3.2 ファノ因子

イベント数についても同様にばらつきの指標を与えることができる．一定期間に起こるイベントを N 回観察したとし，$i(= 1, \ldots, N)$ 番目の観察のイベント数を n_i とする[7]．N 回の観察にわたるイベント数の標本平均と標本分散はそれぞれ

[7] あるいは，観察期間を互いに交わらない N 個の区間（ビン）に等分し，$i(= 1, \ldots, N)$ 番目のビンに入るイベント数を n_i とする．

$$\overline{n} = \frac{1}{N} \sum_{i=1}^{N} n_i \tag{1.8}$$

$$\sigma^2 = \frac{1}{N} \sum_{i=1}^{N} (n_i - \overline{n})^2 \tag{1.9}$$

で与えられる．イベントがランダムに発生する場合，イベント個数の分散は平均に比例するので[8]，分散を平均で割った値をばらつきの指標とすればよい．

[8] 次章のポアソン過程を参照．

$$F = \frac{\sigma^2}{\overline{n}} \qquad (1.10)$$

これを**ファノ因子**という．イベント数のばらつきとイベント間隔
のばらつきには関係があり，変動係数が大きいイベント時系列は
ファノ因子も大きい[9]．

ファノ因子：**Fano factor**

[9] イベント間隔が独立
同一分布に従い，観察
期間が十分大きいとき
$F \approx CV^2$ となるこ
とが知られている（証
明は [29] を参照）．

1.3.3 ヒストグラム

図 1.6a のように，一定期間に生じるイベントを複数回繰り返し
観察する状況を考えよう[10]．イベント発生時刻は不確実さを伴う
ので試行ごとに異なるが，時間とともに変動する頻度の傾向は共
通に見られる．ヒストグラムはこれを図示する簡便な方法である．

期間 T に発生するイベント時系列を m 回繰り返し観察したと
する．観察期間を互いに交わらない N 個の幅 $\Delta = T/N$ の区間
（ビン）に等分し，m 回の観察にわたって i 番目のビンに入るイベ
ント数を k_i とすると，この区間の単位時間当たりの生成頻度（生
成率）は

[10] 例えば，同じ条件
下で行われる実験を繰
り返し観測する状況を
想定する．

$$\hat{\lambda}_i = \frac{k_i}{m\Delta} \qquad (1.11)$$

で与えられる．これをすべてのビン（$i = 1, \dots, N$）に対して求め
て棒グラフで表したものがヒストグラムである（図 1.6b）[11]．

ヒストグラムの形はビン幅 Δ に大きく依存する．ビン幅が小
さすぎるとヒストグラムのサンプル揺らぎが大きくなり（図 1.6b
上），大きすぎれば生成率の変動を十分に追従できない（図 1.6b
下）．丁度よいビン幅をどうやって選べばよいだろうか？ 以下に
その手順を紹介しよう [18]．

[11] イベントの数をヒ
ストグラムで表すこと
もできるが，ここでは
単位時間当たりのイベ
ント生成率を用いる．

1. m 回の試行により得られたイベント時系列について，その観
   測期間 T を幅 Δ の N 個のビンに区切る．i 番目のビンに入
   るイベントの数を数え，k_i とする．

2. イベント数 $\{k_i\}$ の平均と分散を計算する．

$$\overline{k} = \frac{1}{N}\sum_{i=1}^{N} k_i, \text{ and } v = \frac{1}{N}\sum_{i=1}^{N}(k_i - \overline{k})^2$$

3. コスト関数を計算する．

$$C_m(\Delta) = \frac{2\overline{k} - v}{(m\Delta)^2}$$

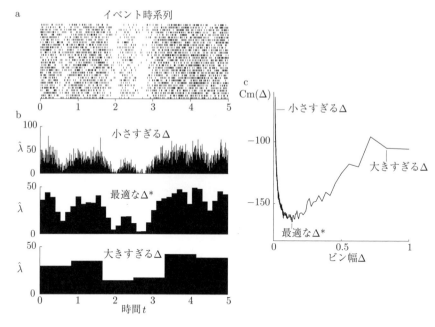

図 **1.6** (a) イベント時系列のラスター表示. 横軸は時間, 縦軸は試行を表す. (b) 異なるビン幅で作成したヒストグラム. (c) コスト関数.

4. 異なるビン幅 Δ に対して 1 から 3 を繰り返し, コスト関数 $C_m(\Delta)$ の最小値を与える Δ^* を探す.

　データから計算したコスト関数を図 1.6c に示した. これを最小にするビン幅 Δ^* を用いて作成したヒストグラムが図 1.6b（中）である. 上下のヒストグラムに比べて生成率が的確に捉えられている様子がわかる. ここで紹介した手順は 4.5 節で非一様ポアソン過程に基づいて導出される. また, 4.6 節ではカーネル密度推定によるイベント生成率推定の最適化も紹介する.

1.4　データの記述から統計モデリングへ

　イベント時系列は, 発生時刻の系列やイベント間隔列, イベント数の時間の関数という形式で表された. 様々な現象をイベント時系列として記録すると, 変動係数やファノ因子でイベント生成

パターンを特徴付けたり，ヒストグラムで生成率の傾向を図示したりすることができた．これらは記述統計と呼ばれ，データの特徴を要約してわかりやすく表現することが目的である．

　本書の主題は，その先にあるイベント時系列の統計モデリングとそれに基づく時系列解析である．統計モデリングとは，与えられたデータに対して，その確率的な生成過程を記述する数理モデルを構成することであり，データの確率分布を定める統計モデルを作成することである．イベント時系列に対する統計モデルは点過程で与えられる．統計モデルを介してデータを生み出した対象そのものに接近し，様々な情報の抽出や予測などデータの記述・要約を超えた分析が可能になる．これが統計モデリングに基づく時系列解析の大きな特徴だ．

　点過程ではイベント間の間隔やイベント時刻の生起確率に関して，なんらかの関数で記述された数理モデルを導入する．イベントの生起確率を考える上で最も基本的な変数は，直前のイベントが起こった後に次のイベントが起こるまでの経過時間，もしくはイベント間隔を表す非負連続値の確率変数である．点過程の理論が大きく活躍する生存時間解析では，この確率変数を**生存時間**と呼び X で表す[12]．確率変数 X に対して，確率密度関数[13]

$$f(x) = \lim_{\Delta \to 0} \frac{P(x < X \leq x + \Delta)}{\Delta} \quad (1.12)$$

や累積分布関数（あるいは単に分布関数）

$$F(x) = P(X \leq x) = \int_0^x f(u)\,du \quad (1.13)$$

または，相補累積分布関数

$$\overline{F}(x) = P(X > x) = \int_x^\infty f(u)\,du \quad (1.14)$$

がイベント間隔の確率を特徴付ける関数である．生存時間解析では相補累積分布関数を**生存関数**と呼び，"時刻 x の時点までまだ生きている確率"を表す．微分積分学の基本定理として累積分布関数あるいは生存関数と確率密度関数には

$$\frac{d}{dx}F(x) = \frac{d}{dx}\int_0^x f(u)\,du = f(x) \quad (1.15)$$

$$\frac{d}{dx}\overline{F}(x) = \frac{d}{dx}(1 - F(x)) = -f(x) \quad (1.16)$$

生存時間：**survival time**

[12] 生存時間解析（survival analysis）とは，生物の死や機械の故障など，1つのイベントが発生するまでの期間を分析する分野である．本書では生存時間解析の用語を借用する．

[13] 本書を通して事象 A が起こる確率を $P(A)$ で表す．

生存関数：**Survival function**

という関係がある．次章以降では，これらの関数を具体的に与え
たり，過去のイベント履歴に依存する形に一般化することで様々
な点過程を構成する[14]．

14) 1つのイベントの
発生を扱う生存時間解
析に対して複数のイベ
ント生成を記述する点
過程は，イベント間隔
を時間軸上に並べるこ
とで構成される．

まず第2章では最も基本的なモデルである一様ポアソン過程を
導入する．一様ポアソン過程は，イベント生成率が時間によらず
一定で（一様性），無記憶性（ランダム性）を持つ事象の生成過程で
ある．現実の様々な現象は時間的・因果的な構造を持つので，必
ずしも一様ポアソン過程でモデル化できるわけではないが，より
複雑なモデルを構成する際の出発点や参照基準になるのでとても
重要なモデルである．

第3章と第4章ではリニューアル過程と非一様ポアソン過程を
解説する．これらは一様ポアソン過程の無記憶性と一様性の条件
をそれぞれ緩和したモデルと見なせる．リニューアル過程はイベ
ント生成確率が直前のイベント生成時刻にだけ依存する点過程で
ある．例えば工業製品が故障する確率は生産日（もしくは修理日）
からの経過時間に依存する．このような事象はリニューアル過程
でモデル化できる典型例だ．一方，非一様ポアソン過程は無記憶
性を持つ事象の生成率が時間的に変動するモデルである．季節や
景気などのトレンドに影響を受けて生じる事象は非一様ポアソン
過程でモデル化できる例である．またこの章では，1.3.3項で紹介
したヒストグラムの最適ビン幅の選択方法を非一様ポアソン過程
に基づいて導出し，カーネル密度推定によるイベント生成率の推
定方法も併せて紹介する．

第5章では，イベント生成確率が過去の履歴に依存する点過程
の一般的な枠組みを導入し，この枠組みに基づいて具体的な点過程
を紹介する．またこの章では，イベントの属性情報を加えたマー
ク付き点過程を解説する．最後に一般の点過程を一様ポアソン過
程に変換する時間伸縮理論と点過程の実現方法についても解説す
る．ここまでの章で読者は点過程理論の基本的な考え方を身につ
けることができる．

第6章ではカウント時系列モデルを扱う．点過程によるモデリ
ングでは個々のイベント発生時刻が記録されることを想定してい
るが，一方で発生件数が区間ごとに集計されたカウントデータも
多く存在する．感染症の日別の新規陽性者数はその例である．カ
ウント時系列モデルはこのようなデータに対する統計モデルであ

る．この章では，具体的なカウント時系列モデルをいくつか紹介
し，カウントデータに対してよく用いられる負の二項分布を解説
する．

　ここまでの内容で様々なイベント時系列をモデリングすること
ができるはずだ．本書の残りでは，時系列データからモデルパラ
メータを推定し，推定したモデルに基づいてデータを分析する方法
を解説する．第 7 章では，状態空間モデルを用いた時系列解析を
紹介する．状態空間モデルとそれに基づく逐次ベイズ推定方法は
時系列解析の標準的な方法である．この章では，イベント時系列
モデルを状態空間モデルとして定式化し，イベントデータ解析に
応用する方法を解説する．最後の第 8 章では，イベント時系列解
析の応用例を，神経活動・SNS・感染症データを用いて紹介する．

2 ▶ 一様ポアソン過程

　この章では点過程の基礎である一様ポアソン過程を紹介し，その基本的な性質を調べる．ポアソン過程とは**無記憶性**を持つ事象の生成過程であり，地震学・疫学・神経科学・金融工学・保険数学など，イベント（神経スパイク・地震・出生死亡・債務不履行・事故等）を解析する幅広い分野で基本となる確率過程である．そこでまず，無記憶性について説明する．

無記憶性：**memory-lessness, memoryless property**

2.1 ▶ 一様ポアソン過程の性質：無記憶性と指数分布

　無記憶性を有する点過程とは，事象の生成に過去の履歴が一切関与しない点過程を指す．具体的には時間間隔 $s, t \geq 0$ に対して，生存時間 X の確率が

$$P(X > s + t | X > t) = P(X > s) \tag{2.1}$$

を満たすときに，その事象生成には「記憶がない」という[1].

　これを説明するために，身近な例として数年前に買った冷蔵庫を考えてみよう（図 2.1）．購入当初は順調に稼動していた冷蔵庫もやがて古くなりいつかは壊れてしまうだろう．ここで冷蔵庫が壊れるまでの耐久年数の分布が無記憶性を持つとしよう[2].購入した冷蔵庫は t 年経った現在も順調に動いている．さて，この冷蔵庫はあと何年もつだろうか．冷蔵庫の寿命を X とすると t 年間稼働実績があり，さらに今後 s 年稼働する確率は条件付き確率 $P(X > s + t | X > t)$ で表すことができる．ところが無記憶性の式 (2.1) を使えば，この条件付き確率は $P(X > s)$ で与えられる．つまり過程が無記憶性を有するとは，t 年間冷蔵庫が稼動してい

[1] 事象 B が起こったときに事象 A が起こる条件付き確率を $P(A|B)$ で表す．

[2] これは便宜上の設定であり，現実の冷蔵庫の故障が無記憶性を有するわけではない．

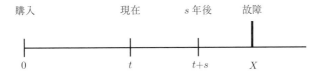

図 2.1 現在までに t 年稼働している冷蔵庫が $t+s$ 年後以降に故障する事象.

たことが，これから先に起こる故障の予測になんの情報ももたらさないことを意味する.

それではどのような分布が無記憶性を持つのかを考えてみよう. 条件付分布は次のように表すことができる[3].

$$P(X > s+t|X > t) = \frac{P(X > s+t, X > t)}{P(X > t)}$$
$$= \frac{P(X > s+t)}{P(X > t)} \quad (2.2)$$

この結果を (2.1) に代入して

$$P(X > s+t) = P(X > s)\,P(X > t) \quad (2.3)$$

なる関係式を得る. **指数分布**の相補累積分布関数

$$P(X > x) = e^{-\lambda x} \quad (2.4)$$

がこの性質を満たすことはすぐにわかる. したがってイベントが生じるまでの時間が指数分布の密度関数

$$f(x) = \lambda e^{-\lambda x} \quad (2.5)$$

に従う過程は無記憶性を持つことがわかる. 無記憶性を持つ連続確率分布は指数分布のみである[4].

ここでは冷蔵庫の故障を例に1つのイベントが生じるまでの時間を考えたが，無記憶性を有するイベントが続けて同じ頻度で生じる場合，過去のイベントを始点として次のイベントが生成されるまでの時間が再び同じ指数分布に従い，独立に生成される. このように一般に複数のイベントからなる時系列で，イベント間隔が独立に指数分布に従う点過程を**一様ポアソン過程**という. イベント間隔分布が (2.5) に従う一様ポアソン過程のイベント間隔の

3) 2つ目の等号では，$P(X > s+t, X > t)$ $= P(X > s+t)$ を用いた.

4) 離散確率分布では超幾何分布が無記憶性を持つ.

一様ポアソン過程：
homogeneous
Poisson process

期待値は $1/\lambda$ であり，イベント生成率は λ で時間的に一定である．また，指数分布 (2.5) の標準偏差は $1/\lambda$ なので変動係数 CV (1.7) は 1 である．

2.2 なぜ一様ポアソン過程が大事なのか

前節で見たように，イベントの間隔が独立に指数分布に従う過程を一様ポアソン過程という．第 4 章では，イベント生成の頻度が時間的に変動する**非一様ポアソン過程**を扱う．これも過去の履歴に依存せず，その時その時のイベント生成率に従ってイベントが生成される過程である．ポアソン過程は過去の影響が時間の経過とともにほとんどなくなってしまうような事象の良い近似となる．特にイベントが非常にまれに起こる場合（時間的に素である場合）にこのような過程が期待される．

非一様ポアソン過程：
inhomogeneous
Poisson process

無記憶性を有するポアソン過程に対して，イベントの生成が過去のイベント生成履歴に依存するイベント時系列を非ポアソン過程と呼び，一様・非一様ポアソン過程以外のすべてのイベント時系列を指す．例えば大きな地震の発生後はその後の地震 (余震) の発生確率が上昇する．これはある時刻の地震の発生が過去の地震の影響を受けていることを表している．また，神経細胞はスパイクを生成した直後の 5ms 程度の不応期と呼ばれる期間では新たにスパイクを生成することができなくなる．これもイベント生成が過去のイベント履歴に依存する例である．

多くの物理・生命・社会現象は因果的な構造を持ち，過去の活動の結果として現在のイベントが生成される．これらは非ポアソン過程で記述され，現実のイベント時系列データの多くはポアソン過程でモデル化できるわけではない．にもかかわらずポアソン過程，なかでも一様ポアソン過程がイベント時系列の理論の基礎として重要な位置を占める理由がある．

1 つ目の理由として，発生頻度の少ない独立な複数の非ポアソン過程に従うイベント時系列がある場合，これらを重ね合わせていくとポアソン過程に収束するという性質があることが挙げられる．十分に多くの独立なイベント時系列が重ね合わさっているとすると，あるイベント事象の近傍のほとんどのイベントは別のイ

ベント時系列から生成されたイベント事象になる．イベント時系列同士は独立だから，これらは独立のイベントでありポアソン過程と見なせる．複数の点過程の重ね合わせがポアソン過程で近似されるというこの事実は，ポアソン過程が幅広く使用される根拠となっている．

　2つ目の理由は最もランダム（乱雑）なイベント時系列として他のイベント過程の参照基準になることである．ここでランダムなイベント過程とはイベント間隔の生成に統計的構造が極力入らないことを指す．実際に，乱雑さの指標としてエントロピーという量を用いると，イベント間隔の期待値という最小限の制約が与えられた下で最も乱雑なイベント間隔を生成する分布として，指数分布が得られる．

　3つ目の理由はこの最も乱雑な一様ポアソン過程から出発して，より複雑な構造を持ったイベント時系列モデルを作成することができることにある．これは本書を通して順を追って説明していく．

2.3　ポアソン分布：一定時間内のイベントの個数

　イベント間隔の分布が指数分布 (2.5) に従うとして，時間 T の間に生じるイベントの個数 $N(T)$ の分布を求めよう（図 2.2）．始めに，ひとつもイベントが生じない確率を求める．これは 1 つ目のイベント間隔が T より大きいことを意味するから，$f(x)$ の相補累積分布関数 $\overline{F}(T) = \int_T^\infty f(x)dx$ で与えられる．

$$P\left(N(T) = 0\right) = \overline{F}\left(T\right) = e^{-\lambda T} \tag{2.6}$$

この関数は生存時間解析では生存関数と呼ばれる．

　次に 1 つのイベント $(N(T) = 1)$ が生じる確率を求める．この場合，1 つ目のイベント生成時刻は T より小さく，2 つ目のイベント生成時刻は T より大きい必要がある．すなわち，1 つ目と 2 つ目のイベント間隔を X_1, X_2 として，1 つ目のイベント間隔が $X_1 = t_1 \ (0 < t_1 < T)$ とすると，2 つ目のイベント間隔は $X_2 > T - t_1$ である必要がある．この同時確率は微小時間 dt_1 を用いて

$$P\left(t_1 < X_1 < t_1 + dt_1, \ X_2 > T - t_1\right)$$

T 秒内に Nt 個のイベントがある場合

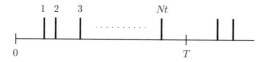

① T 秒内に 1 個のイベントがある場合

② T 秒内に 2 個のイベントがある場合

③ T 秒内に 2 個のイベントがある場合

図 **2.2** ポアソン過程のイベント回数

$$
\begin{aligned}
&= P\left(t_1 < X_1 < t_1 + dt_1\right) P\left(X_2 > T - t_1\right) \\
&= f(t_1)dt_1 \overline{F}\left(T - t_1\right) \tag{2.7}
\end{aligned}
$$

と計算できる．初めの等号ではポアソン過程のイベント間隔は独立に生成されることを使用した．t_1 は $(0, T)$ の範囲を取りうるから，これらすべての可能性を尽くすことで，1 つのイベントが生成される確率を求めることができ，次のように与えられる．

$$
\begin{aligned}
P\left(N(T) = 1\right) &= \int_0^T f\left(t_1\right) \overline{F}\left(T - t_1\right) dt_1 \\
&= \int_0^T \lambda e^{-\lambda t_1} e^{-\lambda(T - t_1)} dt_1 \\
&= \lambda T e^{-\lambda T} \tag{2.8}
\end{aligned}
$$

同様にして，T 時間のうちに 2 つのイベント $(N(T) = 2)$ が生じ

る確率は2回目のイベント時刻を t_2 として

$$
\begin{aligned}
P\left(N(T)=2\right) &= \int_0^T \int_{t_1}^T f\left(t_1\right) f\left(t_2-t_1\right) \overline{F}\left(T-t_2\right) dt_1 dt_2 \\
&= \int_0^T \int_{t_1}^T \lambda e^{-\lambda t_1} \lambda e^{-\lambda(t_2-t_1)} e^{-\lambda(T-t_2)} dt_1 dt_2 \\
&= \int_0^T \lambda^2 e^{-\lambda T}\left(T-t_1\right) dt_1 \\
&= \frac{1}{2}\left(\lambda T\right)^2 e^{-\lambda T} \tag{2.9}
\end{aligned}
$$

となる.

同様の計算を繰り返すと，n 回のイベントが生じる確率は

$$
P\left(N(T)=n\right) = \frac{1}{n!}\left(\lambda T\right)^n e^{-\lambda T} \tag{2.10}
$$

となる．この分布を**ポアソン分布**と呼び，図 2.3 に示すような分布となる．ポアソン分布 (2.10) の平均と分散は λT であり，従ってファノ因子 (1.10) は $F=1$ である．

イベント間隔が互いに独立であることと指数分布の無記憶性から，互いに交わらない時間区間のイベント個数は独立なポアソン分布に従う．これを一様ポアソン過程の定義とすることもできる[5]．

ポアソン分布：**Poisson distribution**

5) この定義から出発してイベント間隔の独立性と指数分布を導くことができる.

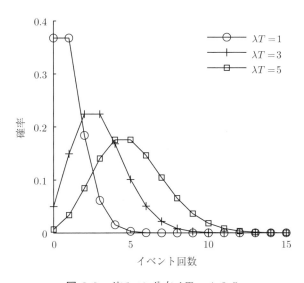

図 **2.3** ポアソン分布 $\lambda T = 1, 3, 5$.

2.4 ▶ アーラン分布：一定イベント数の待ち時間

　無記憶性を持つイベントが n 回起こるまでの時間が T となる確率密度を計算しよう．$n=1$ の場合に指数分布になることは見た．そこで次に $n=2$ の場合，2 回目のイベントの時刻が T となる確率密度を考える．1 回目のイベントが起こる時刻を t_1 とすると，その確率密度は $f(t_1)$ で与えられる．2 回目のイベントが T で生じる確率密度は $f(T-t_1)$ である．2 つの事象は独立だから，2 つのイベントが起こるまでの時間が T である同時確率密度は $f(t_1)f(T-t_1)$ になる．t_1 は $(0,T)$ のどれを取ることもできるから，すべての可能性を尽くして

$$
\begin{aligned}
f_2(T) &= \int_0^T dt_1 f(t_1) f(T-t_1) \\
&= \int_0^T dt_1 \lambda e^{-\lambda t_1} \lambda e^{-\lambda(T-t_1)} \\
&= \lambda^2 T e^{-\lambda T}
\end{aligned}
$$

となる．同様にして $n=3$ の場合は 2 回目のイベント時刻を t_2 として

$$
\begin{aligned}
f_3(T) &= \int_0^T dt_1 \int_{t_1}^T dt_2 f(t_1) f(t_2-t_1) f(T-t_2) \\
&= \int_0^T dt_1 \int_{t_1}^T dt_2 \lambda e^{-\lambda t_1} \lambda e^{-\lambda(t_2-t_1)} \lambda e^{-\lambda(T-t_2)} \\
&= \lambda^3 e^{-\lambda T} \int_0^T dt_1 (T-t_1) \\
&= \frac{1}{2}\lambda^3 T^2 e^{-\lambda T}
\end{aligned}
$$

である．これを繰り返せば一般に n 回のイベントが生じるまでの時間の確率密度である**アーラン分布**

アーラン分布：**Er-lang distribution**

$$
f_n(T) = \frac{1}{(n-1)!}\lambda^n T^{n-1} e^{-\lambda T} \tag{2.11}
$$

が導かれる．この分布に従うことは次のような帰納法を用いて証明することができる．n 回のイベントが生じるまでの時間の確率

密度 $f_n(T)$ がアーラン分布の式 (2.11) で与えられると仮定する.
$n+1$ 回のイベントが生じる確率密度関数は

$$
\int_0^T f_n(t_{n+1}) f_1(T - t_{n+1}) dt_{n+1}
$$

$$
= \int_0^T \frac{1}{(n-1)!} \lambda^n t_{n+1}^{n-1} e^{-\lambda t_{n+1}} \lambda e^{-\lambda(T-t_{n+1})} dt_{n+1}
$$

$$
= \frac{1}{(n-1)!} \lambda^{n+1} e^{-\lambda T} \int_0^T t_{n+1}^{n-1} dt_{n+1}
$$

$$
= \frac{1}{(n-1)!} \lambda^{n+1} e^{-\lambda T} \frac{1}{n} T^n
$$

$$
= \frac{1}{n!} \lambda^{n+1} T^n e^{-\lambda T} \tag{2.12}
$$

これは $f_{n+1}(T)$ にほかならない.

アーラン分布の平均は n/λ,分散は n/λ^2 である.なお,アーラン分布の n は整数であるが,n を実数 κ に拡張した分布をガンマ分布といい,今後の議論で登場する.

2.5 アーラン分布とポアソン分布の関係

今度は逆に T 時間に生じるイベントの個数 n の分布を調べてみよう.このためにはイベント間隔とイベント個数の関係を定義する必要がある.$N(T)$ を時刻 0 から T までのイベントの個数,S_n を第 n 番目のイベントまでの時間とする.今,S_n が T より長い時間だったとしよう $(S_n > T)$.このとき時刻 T までに含まれるイベントの数は高々 $n-1$ 個である(図 2.4 参照).このことから次の関係が成り立つ.

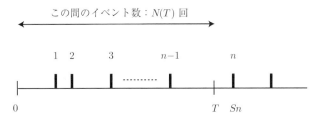

図 **2.4** イベント数とイベント間隔の関係

$$P\left(N(T) < n\right) = P\left(S_n > T\right) \tag{2.13}$$

右辺は n 回のイベントが生じるまでの待ち時間が T 以上である確率，すなわちアーラン分布の生存関数で

$$P\left(S_n > T\right) = \int_T^\infty \frac{1}{(n-1)!}\lambda^n t^{n-1} e^{-\lambda t}dt$$

$$= \sum_{k=0}^{n-1} \frac{(\lambda T)^k}{k!} e^{-\lambda T} \tag{2.14}$$

これは部分積分を用いて求めることができるから自分で求めてみるとよい．したがってイベント数の累積分布関数は (2.13) に代入して

$$P\left(N(T) < n\right) = \sum_{k=0}^{n-1} \frac{(\lambda T)^k}{k!} e^{-\lambda T} \tag{2.15}$$

時刻 T までのイベントの個数が n である確率は $P\left(N(T) = n\right) = P\left(N(T) < n + 1\right) - P\left(N(T) < n\right)$ である．これを用いれば

$$P\left(N(T) = n\right) = \frac{(\lambda T)^n}{n!} e^{-\lambda T} \tag{2.16}$$

となり，再びポアソン分布が得られる．

2.6 一様ポアソン過程の同時確率密度関数

ポアソン過程ではイベント間隔が独立に指数分布に従う．したがって期間 T 内に時刻 $t_1,\ldots,t_n$ でイベントが観測される同時確率密度は

$$p_{(0,T]}\left(t_1,\ldots,t_n\right) = f\left(t_1\right)\prod_{i=2}^{n} f\left(t_i - t_{i-1}\right) \cdot \overline{F}\left(T - t_n\right)$$

$$= \lambda e^{-\lambda t_1}\prod_{i=2}^{n} \lambda e^{-\lambda(t_i - t_{i-1})} e^{-\lambda(T-t_n)}$$

$$= \lambda^n e^{-\lambda T} \tag{2.17}$$

ただし，$\overline{F}\left(T - t_n\right)$ は $n + 1$ 番目のイベントのイベント間隔が $T - t_n$ 以上である確率を表している．(2.17) はポアソン過程の同時確率密度関数を与えるが，時系列データが与えられた下での λ

の関数と見るとき，これを**尤度関数**と呼ぶ[6]．

尤度関数：likelihood
function
[6] 観測データからモ
デルのパラメータを推
定する手法は次章を参
照のこと．

同時確率密度関数からポアソン分布を導出することができる．
イベント個数の分布は，イベント生成時刻の取り得る可能性を尽
くして

$$P\left(N(T) = n\right) = \int_0^T dt_1 \int_{t_1}^T dt_2 \cdots \int_{t_{n-1}}^T dt_n p_{(0,T]}\left(t_1, \ldots, t_n\right)$$

$$= \int_0^T dt_1 \int_{t_1}^T dt_2 \cdots \int_{t_{n-1}}^T dt_n \lambda^n e^{-\lambda T} \quad (2.18)$$

で与えられる．ここでの積分範囲は，$t_1, t_2, \ldots, t_n$ がそれぞれ $(0, T]$
の範囲をとるとし，かつ $t_1 < t_2 < \cdots < t_n$ の順序を考慮して
行っている．この積分は順序を考慮しない積分演算を考えること
で次のように求めることができる．

$$\int_0^T dt_1 \int_{t_1}^T dt_2 \cdots \int_{t_{n-1}}^T dt_n = \frac{1}{n!} \int_0^T dt_1 \int_0^T dt_2 \cdots \int_0^T dt_n$$

$$= \frac{1}{n!} T^n \quad (2.19)$$

上式右辺では，順序を考慮せずに（$t_1 < t_2 < \cdots < t_n$ という制約
なしに）$t_1, t_2, \ldots, t_n$ のそれぞれが独立に $(0, T]$ の範囲をとると
して積分を実行している．この場合，可能な順序のすべての組み
合わせを考えていることになる．仮にイベント事象が区別できる
とした場合，n 個のイベントからは異なる順序を持つ $n!$ のイベン
ト時系列を構成することができる．そのため，$t_1 < t_2 < \cdots < t_n$
という制約をつけた場合の積分は，制約なしの積分を $n!$ で割るこ
とで得られる．

これより，期間 T 内に n 個のイベントが生成される確率は

$$P\left(N(T) = n\right) = \frac{1}{n!} T^n \lambda^n e^{-\lambda T} \quad (2.20)$$

となり，再びポアソン分布が得られる．

2.7 イベント生成率による一様ポアソン過程の定義

前節では無記憶性から導かれる指数分布から出発して，一様ポ
アソン過程の性質を見てきた．2.3 節では指数分布からポアソン

分布を，2.4 および 2.5 節では指数分布からアーラン分布を経てポアソン分布を求めた．また 2.6 節ではポアソン過程の同時確率関数を導出し，そこから再びポアソン分布を求めた．

本節ではイベント生成率 $\lambda[\text{時間}]^{-1}$ を出発点としてポアソン過程を定義する．長さが Δ の微小区間内のイベント生成確率が

$$P\left(\text{one event in } (t, t+\Delta]\right) = \lambda\Delta + o\left(\Delta\right)$$

$$P\left(\text{more than one event in } (t, t+\Delta]\right) = o\left(\Delta\right) \qquad (2.21)$$

のように与えられ，かつ各々のイベントが独立に生成されるとき，そのイベント生成過程を一様ポアソン過程という．ここで $o\left(\Delta\right)$ は次の性質を満たし

$$\lim_{\Delta\to 0} \frac{o\left(\Delta\right)}{\Delta} = 0 \qquad (2.22)$$

Δ を小さくすると線形項 $\lambda\Delta$ に比べて無視できるほど小さくなる関数である[7]．このポアソン過程の定義は，微小区間ごとにイベントが独立に生成されること，1 回の事象が発生する頻度が Δ に比例し，かつ時間的に一様であり，2 つ以上の事象が発生する確率は無視できるぐらい小さいことを定めている．定義 (2.21) から直ちに微小区間にイベントが生成されない確率は

$$P\left(\text{no event in } (t, t+\Delta]\right) = 1 - \lambda\Delta + o\left(\Delta\right) \qquad (2.23)$$

となる．

2.7.1　指数分布の導出

イベント生成率に基づく一様ポアソン過程の定義から，イベント間隔の分布である指数分布を求めよう．時刻 $t(N = t/\Delta$ 番目のビン[8]）より前までイベントが起こらず，時刻 $t(N$ 番目のビン）においてイベントが生じる確率は，定義 (2.21) と (2.23) およびビンごとのイベント生成が独立であることから

$$P(t < X \le t+\Delta) = (1 - \lambda\Delta)^{N-1}\lambda\Delta + o\left(\Delta\right). \qquad (2.24)$$

で与えられる[9]．この式を次のように変形する．

$$P(t < X \le t+\Delta) = (1 - \lambda\Delta)^{N} \frac{\lambda\Delta}{1 - \lambda\Delta} + o\left(\Delta\right). \qquad (2.25)$$

7) $o\left(\Delta\right)$ という同じ表記が異なる式で使われているが，この性質を満たす関数の意であって同じ関数を指しているわけではないことに注意．

8) ここでは簡単のため t は Δ で割り切れるとする．

9) これは幾何分布による近似式である．

ここで $|x| < 1$ に対するテーラー展開：

$$\log(1-x) = -x - \frac{1}{2}x^2 - \frac{1}{3}x^3 \cdots \qquad (2.26)$$

および

$$\frac{1}{1-x} = 1 + x + x^2 + x^3 \cdots \qquad (2.27)$$

を使用すれば，第 1 成分は十分に小さな Δ に対して

$$
\begin{aligned}
(1 - \lambda\Delta)^N &= \exp\left[N \log\{1 - \lambda\Delta\}\right] \\
&= \exp\left[N\left\{-\lambda\Delta - \frac{1}{2}(\lambda\Delta)^2 - \cdots\right\}\right] \\
&= \exp\left[-\lambda t - \frac{1}{2}\lambda^2 t\Delta + o(\Delta)\right] \\
&= e^{-\lambda t}\left[1 - \frac{1}{2}\lambda^2 t\Delta + o(\Delta)\right] \qquad (2.28)
\end{aligned}
$$

となる[10]．ただし，最後の等式では指数関数のテーラー展開を用いた．第 2 成分は

$$
\begin{aligned}
\frac{\lambda\Delta}{1 - \lambda\Delta} &= \lambda\Delta\left\{1 + \lambda\Delta + (\lambda\Delta)^2 + \cdots\right\} \\
&= \lambda\Delta + o(\Delta) \qquad (2.29)
\end{aligned}
$$

である．

以上の 2 つの成分の積をとることで，確率は次のように簡潔に表される．

$$P(t < X \le t + \Delta) = e^{-\lambda t}\lambda\Delta + o(\Delta) \qquad (2.30)$$

これから指数分布の密度関数が得られる．

$$f(t) = \lim_{\Delta \to 0} \frac{P(t < X < t + \Delta)}{\Delta} = \lambda e^{-\lambda t} \qquad (2.31)$$

上記の導出法は今後現れる非一様ポアソン過程の性質を調べるときにも重要になってくる．以上より，イベント生成率の定義から出発し，イベント生成率 λ のポアソン過程のイベント間隔分布は平均 $1/\lambda$ の指数分布になることがわかった．

2.7.2 ポアソン分布の導出

イベント生成率からポアソン分布 (2.10) を導出することもでき

[10] なお，極限を用いた指数関数の定義
$$e^x = \lim_{n \to \infty}\left(1 + \frac{x}{n}\right)^n$$
を用いれば
$$\lim_{\Delta \to 0}(1 - \lambda\Delta)^N$$
$$= \lim_{N \to \infty}\left(1 - \lambda t\frac{1}{N}\right)^N$$
$$= e^{-\lambda t}$$
となる．

025 | 2 一様ポアソン過程

る. N 個の区間のうち n 個にイベントが生じる確率を二項分布を用いて近似する. 特定のイベント時系列で N 個の区間のうち n 個にイベントが生じる確率は $(\lambda\Delta)^n (1 - \lambda\Delta)^{N-n}$ だが, イベント生成時刻が異なるものを考えるとそのような組み合わせの数は**二項係数**[11]で与えられる $\binom{N}{n}$ 個あるので,

二項係数：binomial coefficient
[11]

$$p\left(N(T) = n\right) \simeq \binom{N}{n} (\lambda\Delta)^n (1 - \lambda\Delta)^{N-n} \qquad (2.32)$$

$\binom{N}{n} = \dfrac{N!}{n!\,(N-n)!}$

これを二項分布という. 二項係数の定義とイベント間隔分布を導出したときと同じ近似を行えば,

$$
\begin{aligned}
p\left(N(T) = n\right) &\simeq \frac{N!}{n!\,(N-n)!} \left(\frac{\lambda\Delta}{1 - \lambda\Delta}\right)^n (1 - \lambda\Delta)^N \\
&\simeq \frac{N!}{(N-n)!} \frac{1}{n!} (\lambda\Delta)^n \exp(-\lambda T) \\
&= \frac{N!}{N^n (N-n)!} \frac{1}{n!} (\lambda T)^n \exp(-\lambda T) \\
&\to \frac{(\lambda T)^n}{n!} \exp(-\lambda T) \qquad (2.33)
\end{aligned}
$$

ただし $\Delta = T/N$ および, 最後のステップでは**スターリングの公式** $\ln N! \sim N \ln N - N$ を使って

スターリングの公式：Stirling's approximation

$$
\begin{aligned}
&\ln \frac{N!}{N^n (N-n)!} \\
&= \ln N! - n \ln N - \ln (N-n)! \\
&\sim N \ln N - N - n \ln N - (N-n) \ln (N-n) + (N-n) \\
&= -\left(1 - \frac{n}{N}\right) \ln \left(1 - \frac{n}{N}\right)^N - n \\
&\to -1 \cdot \ln e^{-n} - n \\
&= 0 \qquad (2.34)
\end{aligned}
$$

を用いた.

　これまでの考察で, イベント生成率によるポアソン過程の定義から指数分布・ポアソン分布が導かれ, ポアソン過程の性質を満たしていることがわかった. 確認として, 微小区間 Δ に入るイベントの数をポアソン分布の定義から考えてみよう. 区間 T を十分に小さな幅 Δ の微小区間によって $N = \Delta/T$ 個に分ける. ポアソン過程では微小区間 Δ 内の生成イベント個数の確率は平均 $\lambda\Delta$ の

ポアソン分布で与えられた．この確率を微小量 $\lambda\Delta$ で展開しよう．

$$p\left(N(\Delta)=n\right)=\frac{(\lambda\Delta)^n}{n!}e^{-\lambda\Delta}$$
$$=\frac{(\lambda\Delta)^n}{n!}\left[1-\lambda\Delta+\frac{1}{2}(\lambda\Delta)^2+\cdots\right] \quad (2.35)$$

ここでイベントが生じない確率と少数イベントの生成確率を考えると

$$p\left(N(\Delta)=0\right)=1\left[1-\lambda\Delta+\frac{1}{2}(\lambda\Delta)^2+\cdots\right]=1-\lambda\Delta+o(\Delta)$$
$$p\left(N(\Delta)=1\right)=(\lambda\Delta)\left[1-\lambda\Delta+\frac{1}{2}(\lambda\Delta)^2+\cdots\right]=\lambda\Delta+o(\Delta)$$
$$p\left(N(\Delta)=2\right)=\frac{(\lambda\Delta)^2}{2}\left[1-\lambda\Delta+\frac{1}{2}(\lambda\Delta)^2+\cdots\right]=o(\Delta)$$
$$(2.36)$$

したがって，ポアソン過程であればイベント生成率の式 (2.21) を満たすことが確認できた．

最後に**ベルヌーイ過程**を紹介し，ポアソン過程との違いを述べておく．ベルヌーイ過程とは二値を取る独立な確率変数列からなる離散時間の確率過程である．ベルヌーイ過程では離散微小区間内にイベントが生成される確率，されない確率がそれぞれ $P(\text{one event in }(t,t+\Delta])=\lambda\Delta$, $P(\text{no event in }(t,t+\Delta])=1-\lambda\Delta$ で与えられる．ポアソン過程との違いは，離散微小区間内にイベントが生成されるかされないかの二者択一となり，2 つ以上のイベントの生成が許されない点である．ベルヌーイ過程のイベント回数の分布は，N 個の微小区間に n 回のイベントが含まれる確率として**二項分布**で与えられる．イベントが生成されるまでの期間は，最初の $N-1$ 個の微小区間にイベントが生成せず，N 個目の区間でイベントが生成する確率として**幾何分布**で与えられる．つまり連続時間でのカウント分布であるポアソン分布と待ち時間分布である指数分布のそれぞれに対応して二項分布と幾何分布が得られる．連続分布で無記憶性を持つ分布が唯一指数分布であったのと同じように，離散分布で無記憶性を持つ分布は幾何分布のみである．

本章では無記憶性で特徴づけられるイベント時系列である一様ポアソン過程について調べた．ポアソン過程のイベント間隔は指

ベルヌーイ過程：**Bernoulli process**

二項分布：**Binomial distribution**

幾何分布：**Geometric distribution**

数分布になり，一定時間内のイベント数はポアソン分布に従うことを見た．またイベント生成率を導入して一様ポアソン過程を定義することが確認できた．

3 ▶ リニューアル過程

　前章で調べたポアソン過程はイベント生成確率が過去の履歴に
依存しない「記憶のない」過程であった．本章ではイベント生成
が過去のイベント履歴に依存するモデルを導入する．なかでもイ
ベント生成率が直前のイベント生成時刻だけに依存するリニュー
アル過程と呼ばれるイベント過程を調べる．

　リニューアル過程は工業製品の故障や地震の発生，神経スパイ
ク生成を表す過程として広く使用されている．例えば，神経細胞
はスパイク生成後 5ms 程度の間，次のスパイクを生成できない
状態になる．これは神経細胞のスパイク生成機構の生理学上の制
約によるもので，このような特徴を持つ神経細胞の発火活動はリ
ニューアル過程を用いて高い精度で記述することができる．

3.1 ▶ イベント生成率（ハザード関数）

　リニューアル過程では，イベント生成率が最後のイベントの時
刻を基準にして時間的に変動する．少なくとも t 秒間イベントが
生成されず，時刻 t においてイベントが生成される確率として，イ
ベント生成率

$$r(t) = \lim_{\Delta \to 0} \frac{P(t < X \le t + \Delta | t < X)}{\Delta} \tag{3.1}$$

を定義しよう．この関数は生存時間解析では**ハザード関数**と呼
ぶ[1]．

　一様ポアソン過程ではハザード関数は時間的に一定（一様）で，
これに対応するイベント間隔分布は指数分布になった．それでは
イベント生成率/ハザード関数が $r(t)$ に従う場合，対応するイベ

ハザード関数：**haz-
ard function**
[1] 年齢別故障率 (age-
specific failure rate),
回復関数 (recovery
function) などの名称
でも呼ばれる．

ント間隔分布はどのように表されるだろうか？ ハザード関数は条件付き分布の定義から

$$r(t) = \lim_{\Delta \to 0} \frac{P(t < X \le t + \Delta)}{\Delta} \frac{1}{P(t < X)}$$
$$= \frac{f(t)}{\overline{F}(t)} \tag{3.2}$$

と書くことができる．したがってハザード関数はイベント間隔の密度関数 $f(t)$ を用いて次のように書ける．

$$r(t) = \frac{f(t)}{1 - \int_0^t f(u)\,du} \tag{3.3}$$

さらに生存関数 $\overline{F}(t)$ とその一階微分 $\overline{F}'(t) = -f(t)$ を用いて，次のように表すことができる．

$$r(t) = -\frac{\overline{F}'(t)}{\overline{F}(t)} = -\frac{d}{dt}\log\overline{F}(t) \tag{3.4}$$

すなわち，$d\log\overline{F}(t) = -r(t)dt$ という関係がある．この両辺を積分して，生存関数とハザード関数の関係式

$$\overline{F}(t) = \exp\left\{-\int_0^t r(u)\,du\right\} \tag{3.5}$$

が得られる[2]．この式から累積分布関数は次のように書ける．

$$F(t) = 1 - \exp\left\{-\int_0^t r(u)\,du\right\} \tag{3.6}$$

分布関数を微分することで，イベント間隔の密度関数が得られる．

$$f(t) = r(t)\exp\left\{-\int_0^t r(u)\,du\right\} \tag{3.7}$$

この式はハザード関数をイベント間隔の密度関数で表した式 (3.3) の逆関数になっている．(3.3) と (3.7) は併せて非常に重要な公式なので覚えておこう．

　リニューアル過程はイベント間隔が互いに独立な分布 (3.7) に従う点過程として定義される．一様ポアソン過程はイベント間隔が指数分布に従う特別な場合である．(3.7) から一様ポアソン過程のハザード関数が一定値 $r(t) = \lambda$ であることがわかる．指数分

[2] 両辺を積分すると
$$\log\overline{F}(t) - \log\overline{F}(0)$$
$$= -\int_0^t r(t)dt$$
$\overline{F}(0) = 1$ だから
$$\log\overline{F}(t)$$
$$= -\int_0^t r(t)dt$$
これより (3.5) を得る．

布の無記憶性より一様ポアソン過程のイベント生成は互いに独立
であるが，リニューアル過程のイベント生成は直前のイベント生
成時刻に依存する．その依存関係がハザード関数に表現されてい
る．さらに，第 5 章ではハザード関数は 2 つ以上前のイベント生
成時刻も含む過去の履歴の下でのイベント生成率を表す**条件付き
強度関数**に拡張される．

条件付強度関数：con-
ditional intensity
function

3.2　イベント間隔分布

　それでは代表的なイベント間隔分布としてガンマ分布・ワイブ
ル分布・逆ガウス分布を取り上げ，それらの性質を見てみよう．

3.2.1　ガンマ分布

　リニューアル過程の中でも数学的な取り扱いが比較的容易な分
布に**ガンマ分布**がある．イベント間隔の密度関数は次のように表
される[3]．

ガンマ分布：gamma
distribution
[3] 次のような表記を
用いる場合もある．

$$f(t;\lambda,\kappa) = \frac{(\kappa\lambda)^{\kappa}}{\Gamma(\kappa)}t^{\kappa-1}e^{-\kappa\lambda t} \tag{3.8}$$

ここで $\Gamma(\kappa) = \int_0^\infty u^{\kappa-1}e^{-u}du$ はガンマ関数である．ガンマ分布
の平均は $1/\lambda$ で与えられる．一方，κ はガンマ分布の形状を変化
させるパラメータでシェイプパラメータと呼ばれる．ガンマ分布
の分散は $1/\kappa\lambda^2$，また変動係数は $CV = 1/\sqrt{\kappa}$ である．ガンマ分
布のハザード関数は，(3.8) を (3.3) に代入することで

$$f(x;\alpha,\beta) = \frac{\beta^\alpha x^{\alpha-1}e^{-\beta x}}{\Gamma(\alpha)}$$

ここで α はシェイプ
パラメータ，$\beta = \kappa\lambda$
をスケールパラメータ
という．$\alpha = \kappa$ およ
び $\beta = \kappa\lambda$ という関
係がある．

$$r(t;\lambda,\kappa) = \frac{(\lambda\kappa)^{\kappa}}{\Gamma(\kappa\lambda t,\kappa)}t^{\kappa-1}e^{-\kappa\lambda t} \tag{3.9}$$

と求められる．ただし $\Gamma(x,\kappa) = \int_x^\infty u^{\kappa-1}e^{-u}du$ は第 2 種不完全
ガンマ関数である．

　図 3.1 にいくつかの κ について密度関数とハザード関数を表示
した．$\kappa = 1$ のとき指数分布と一致し，ハザード関数は一定とな
る（一様ポアソン過程）．$\kappa > 1$ のとき，密度関数は 0 に近いほど
小さな値となり，平均値 $1/\lambda$ 付近で大きな値を持つ．すなわち短
いイベント間隔はあまり生成されず，平均値近傍のイベント間隔
が生成される．対応するハザード関数は 0 付近で小さな値をとり，
イベント生成直後の発生頻度は小さくなることが確認できる．こ

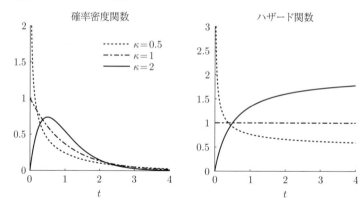

図 3.1 ガンマ分布の密度関数とハザード関数. $\lambda = 1, \kappa = 0.5, 1, 2$

れらの特徴は，規則的なイベント時系列が生成されることを意味する．一方，$\kappa < 1$ のとき，密度関数は 0 に近いほど大きな値となる．すなわち短いイベント間隔が多く生成される．対応するハザード関数は 0 に近いほど大きな値をとり，イベント生成直後に再びイベント発生頻度が高くなっていることがわかる．これらの特徴はバースト的なイベント時系列が生成されることを意味する．図 3.1 を見るとガンマ分布のハザード関数は $t \to \infty$ で収束するように見える．実際，ガンマ分布のハザード関数は $t \to \infty$ で $\kappa\lambda$ に収束することが示せる[4]．言い換えると，ある程度の時間が経つとイベント生成率はほぼ一定になる．

　第 2 章で述べたように，ガンマ分布はアーラン分布の拡張であり，κ が正の整数のときには，ポアソン入力の受け手が κ 個のイベントを受け取るとイベントを生成し，カウントが元に戻るという過程のモデルとして使用することができる[5]．ガンマ分布はより一般的にバースト活動から規則発火までを表現することができ，数学的な取り扱いも容易であるという利点がある．

3.2.2　ワイブル分布

　ガンマ分布のハザード関数が定数に収束するのに対し，例えば工業製品の故障率を表すハザード関数は経年劣化のために時間とともに増加すると考えられる．このようなハザード関数を持つ分布は製品寿命の分布を表すのに都合が良いと考えられる．そのような分布に**ワイブル分布**がある．ワイブル分布の密度関数は次の

4) ロピタルの定理を用いることで示すことができる．

5) このような過程は他の神経細胞から入力を受け，その総和が閾値を超えると発火する神経細胞のモデルである積分発火ニューロンモデルの原型と見ることができる．このような過程は一般にイベント過程を規則的にする傾向がある．

ワイブル分布：
Weibull distribution

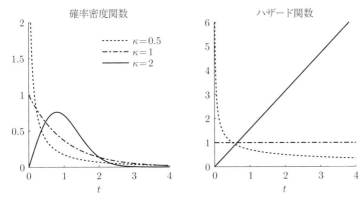

図 **3.2** ワイブル密度関数とハザード関数 $\lambda = 1, \ \kappa = 0.5, 1, 2$

ように表される[6].

6) 次のような表記を用いる場合もある.

$$f\left(t;\lambda,\kappa\right) = \kappa\lambda\Gamma\left(1+\frac{1}{\kappa}\right)\left\{\Gamma\left(1+\frac{1}{\kappa}\right)\lambda t\right\}^{\kappa-1}$$
$$\exp\left[-\left\{\Gamma\left(1+\frac{1}{\kappa}\right)\lambda t\right\}^{\kappa}\right] \quad (3.10)$$

$$f\left(x\right) = \frac{\kappa}{\beta}\left(\frac{x}{\beta}\right)^{\kappa-1}$$
$$\times \exp\left[-\left(\frac{x}{\beta}\right)^{\kappa}\right]$$

期待値は $1/\lambda$, 分散は $1/\lambda^2\left[\Gamma\left(1+2/\kappa\right)/\Gamma\left(1+1/\kappa\right)^2-1\right]$ である. 累積分布関数は

$$F\left(t;\lambda,\kappa\right) = 1 - \exp\left[-\left\{\Gamma\left(1+\frac{1}{\kappa}\right)\lambda t\right\}^{\kappa}\right] \quad (3.11)$$

$\kappa = 1$ のときにワイブル分布は指数分布になる.

ワイブル分布のハザード関数は解析的に書くことができる.

この表記では期待値は $\beta\Gamma\left(1+1/\kappa\right)$, 分散は $\beta^2[\Gamma\left(1+2/\kappa\right)-\Gamma^2\left(1+1/\kappa\right)]$. ここでは期待値が $1/\lambda$ となるように $1/\beta = \lambda\Gamma\left(1+1/\kappa\right)$ とした.

$$r\left(t;\lambda,\kappa\right) = \kappa\lambda\Gamma\left(1+\frac{1}{\kappa}\right)\left\{\Gamma\left(1+\frac{1}{\kappa}\right)\lambda t\right\}^{\kappa-1}$$
$$= \kappa\left\{\Gamma\left(1+\frac{1}{\kappa}\right)\lambda\right\}^{\kappa}t^{\kappa-1} \quad (3.12)$$

$\kappa > 1$ のとき, 時間とともにハザード関数がベキ乗で増加する. $\kappa < 1$ のときはハザード関数がベキ乗で減少する (図 3.2).

3.2.3 逆ガウス分布

イベント生成の背後のメカニズムに則した分布の例として**逆ガウス分布**がある[7]. 逆ガウス分布は 1 次元上でブラウン運動をす

逆ガウス分布：inverse Gaussian distribution.

7) ワルド分布 (Wald distribution) とも呼ばれる.

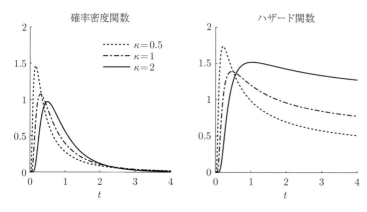

図 3.3 逆ガウス密度関数とハザード関数　$\lambda = 1$, $\kappa = 0.5$, 1, 2

る粒子がある閾値までに達する時間（**初通過時刻**）の分布として 導出されるという背景があり，様々な生物・物理・経済現象と関 係がある．例えば神経細胞は他の神経細胞から多数のシナプス入 力を受け，入力による膜電位の上昇が閾値に達すると神経スパイ クを生成する．そのため神経細胞膜の入力電位のダイナミクスを ブラウン運動で記述した力学的なモデルが用いられることがある． 逆ガウス分布はこのモデルに基づく神経スパイク間隔分布として 使用される．また，地震発生間隔のモデルや金融における取引間 隔等のモデルとしても使用される．

初通過時刻：first passage time

逆ガウス分布は次のように表される[8]．

$$f\left(t; \lambda, \kappa\right) = \sqrt{\frac{\kappa}{2\pi t^3}} \exp\left[-\frac{\kappa}{2t}\left(\lambda t - 1\right)^2\right] \tag{3.13}$$

逆ガウス分布の期待値は $1/\lambda$，分散は $1/\kappa\lambda^3$，また $CV = 1/\sqrt{\kappa\lambda}$ である．累積分布関数は

$$\begin{aligned} F\left(t; \lambda, \kappa\right) &= \frac{1}{2}\left\{1 + \mathrm{erf}\left[\sqrt{\frac{\kappa}{2t}}\left(\lambda t - 1\right)\right]\right\} \\ &\quad + \frac{1}{2}e^{2\lambda\kappa}\left\{1 - \mathrm{erf}\left[\sqrt{\frac{\kappa}{2t}}\left(\lambda t + 1\right)\right]\right\} \end{aligned} \tag{3.14}$$

ここで $\mathrm{erf}(x)$ は誤差関数[9]を表す．これらからハザード関数を 描くことができる．図 3.3 にいくつかの κ に対する密度関数とハ ザード関数を示している．逆ガウス分布のハザード関数を見てみ ると，0 から始まり時間とともに増加する．これは $\kappa > 1$ のガン

8) 次のような表記を 用いる場合もある．

$f(x; \mu, \kappa)$
$= \sqrt{\dfrac{\kappa}{2\pi x^3}}$
$\times \exp\left(-\dfrac{\kappa(x-\mu)^2}{2\mu^2 x}\right)$

期待値は μ, 分散は μ^3/κ.

9) 誤差関数：error function $\mathrm{erf}(x) = \dfrac{2}{\sqrt{\pi}}\displaystyle\int_0^x e^{-u^2}du$

マ分布のハザード関数と同じ性質であるが，その立ち上がりがガンマ分布と異なる．逆ガウス分布では，イベント生成直後にほとんどイベントを生成できない期間がある．さらにハザード関数が減少に転じ，時間が経つにつれてイベント発生頻度は減少していく点がガンマ分布と異なり，逆ガウス分布の特徴となっている．これらの性質は閾値の存在により課される規則的な発火や神経細胞の不応答期を良く表すため，逆ガウス分布は神経細胞のスパイク間隔の分布を良く表すとされる．

3.3 イベント個数の分布

リニューアル過程に対して，一定期間に発生するイベント個数の分布を求めよう．時刻 0 から T までのイベント数 $N(T)$ と n 番目のイベント時刻 S_n の間には (2.13) の関係があった：

$$P(N(T) < n) = P(S_n > T) = 1 - F_n(T) \qquad (3.15)$$

ここで $F_n(T)$ は S_n の累積分布関数である．したがってイベント数の分布は $n = 0, 1, \ldots$ に対して

$$P(N(T) = n) = P(N(T) < n+1) - P(N(T) < n)$$
$$= F_n(T) - F_{n+1}(T) \qquad (3.16)$$

と表すことができる．ただし $F_0(\Delta) = 1$ である．

イベント間隔の密度関数が $f(x)$ で与えられるリニューアル過程に対しては，n 番目のイベント時刻 $S_n = X_1 + \cdots + X_n$ は独立同一分布に従う n 個の確率変数の和で与えられるので，S_n の確率密度関数 $f_n(t)$ は $f(x)$ の n 重の畳み込みで与えられる．したがって，$f(x)$ のラプラス変換を

$$\hat{f}(s) = \int_0^\infty f(x) e^{-sx} dx \qquad (3.17)$$

で表すと，$f_n(t)$ のラプラス変換は

$$\hat{f}_n(s) = \hat{f}(s)^n \qquad (3.18)$$

で与えられる[10]．この逆ラプラス変換が計算できれば $f_n(t)$ を求

10) 関数の畳み込みはラプラス変換によって積で与えられる．

めることができ，累積分布関数 $F_n(T)$ が得られる.

(3.18) を解析的に求めることは一般には困難であるが，ガンマ分布 (3.8) に対してはそれを求めることができる．ガンマ分布のラプラス変換は

$$\hat{f}(s) = \left(1 + \frac{s}{\kappa\lambda}\right)^{-\kappa} \tag{3.19}$$

で与えられるので，(3.18) より $f_n(t)$ のラプラス変換は

$$\hat{f}_n(s) = \left(1 + \frac{s}{\kappa\lambda}\right)^{-\kappa n} = \left(1 + \frac{s}{\kappa n\lambda/n}\right)^{-\kappa n} \tag{3.20}$$

となる．これはパラメータを $\kappa \to \kappa n$, $\lambda \to \lambda/n$ に置き換えたガンマ分布のラプラス変換なので，

$$f_n(t) = \frac{(\kappa\lambda)^{\kappa n}}{\Gamma(\kappa n)} t^{\kappa n-1} e^{-\kappa\lambda t} \tag{3.21}$$

となり，累積分布関数

$$F_n(T) = \int_0^T f_n(t)dt = \gamma(\kappa n, \kappa\lambda T) \tag{3.22}$$

が得られる．ここで

$$\gamma(\kappa, t) = \frac{1}{\Gamma(\kappa)} \int_0^t x^{\kappa-1} e^{-x} dx \tag{3.23}$$

は不完全ガンマ関数比である．したがって，(3.16) よりイベント数の分布は

$$P(N(T) = n) = \gamma(\kappa n, \kappa\lambda T) - \gamma(\kappa(n+1), \kappa\lambda T) \tag{3.24}$$

と求められる．この分布の平均と分散はそれぞれ

$$E[N(T)] = \sum_{n=1}^{\infty} n\{\gamma(\kappa n, \kappa\lambda T) - \gamma(\kappa(n+1), \kappa\lambda T)\} \tag{3.25}$$

$$V[N(T)] = \sum_{n=1}^{\infty} n^2\{\gamma(\kappa n, \kappa\lambda T) - \gamma(\kappa(n+1), \kappa\lambda T)\} - E[N(T)]^2 \tag{3.26}$$

で与えられる．また，$\kappa=1$ のとき (3.24) はポアソン分布

$$P(N(T) = n) = \frac{(\lambda T)^n}{n!} e^{-\lambda T} \tag{3.27}$$

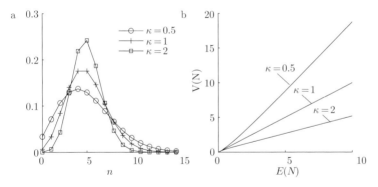

図 3.4 (a) $\kappa = 0.5, 1, 2$ に対する確率分布 (3.24). 平均値は $E(N) = 5$ で共通. (b) 平均 $E(N)$ と分散 $V(N)$ の関係.

になることを確認することができる[11].

図 3.4a に示したように, κ の値が小さいほど分布 (3.24) は広がりを持つ. 図 3.4b に平均と分散の関係を示す. $\kappa = 1$ のときはポアソン分布になるので, 分散は平均に等しい (ファノ因子 (1.10) は $F = 1$). 一方, $\kappa < 1$ のとき分散は平均より大きくなる ($F > 1$). これを**過分散**という. 逆に $\kappa > 1$ のとき分散は平均より小さくなり ($F < 1$), これを**過小分散**という.

イベント数の分布が過分散または過小分散であるかは, イベントを生成する点過程の性質と密接に関係している. イベントの発生がその直後のイベント生成率を増加させるとき, イベントが塊 (クラスター) となって発生する傾向が増加するので, イベント数のばらつきが増加し過分散になる. 一方, イベントの発生がその直後のイベント生成率を減少させるとき, イベントの発生が規則的になるので, ばらつきが減少して過小分散になる.

[11] 不完全ガンマ関数比が満たす次の関係式を用いる.
$$\gamma(n + 1, t)$$
$$= \gamma(n, t) + \frac{t^n e^{-t}}{n!}$$
この関係式は (3.23) に部分積分の公式を用いることで得られる.

過分散:over-dispersion

過小分散:under-dispersion

3.4 リニューアル過程の実現

リニューアル過程はイベント間隔 $\{T_1, T_2, \ldots, T_n\}$ を独立に生成することで実現できる. i 番目のイベント時刻を $t_i = T_1 + T_2 + \ldots + T_i$ として, イベント時系列 $\{t_1, t_2, \ldots, t_n\}$ が得られる.

本節ではリニューアル過程を計算機上で実現する方法を紹介する. リニューアル過程はイベント間隔分布に従う乱数を生成する

確率密度関数 累積分布関数

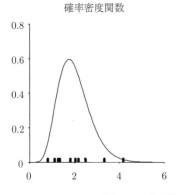 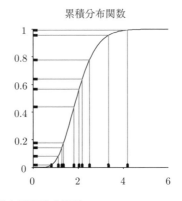

図 3.5 密度関数と累積分布関数

ことで実現できる．そのためには特定の分布に従う確率変数を生
成する必要がある．このとき様々な確率分布を標準化された一様
分布から生成する方法が基本になる．またこの手法を応用するこ
とで，イベント生成率を標準化した一様ポアソン過程からリニュー
アル過程を作成することもできる．この考え方は，次節以降で非
一様なイベント時系列を実現する際に用いられる時間伸縮理論の
基礎になる．

▍3.4.1 分布の規格化と逆関数法

指数分布・ガンマ分布・ワイブル分布・逆ガウス分布等の密度
関数に従う確率変数を生成したい．特定の分布に従う確率変数を
生成する方法に**逆関数法・逆関数サンプリング法**がある．逆関数
法を理解するために次のような 2 つの確率変数の確率密度関数の
関係を考えよう．確率密度関数 $f_X(x)$ に従う確率変数 X と，X
と $Y = g(X)$ なる関係がある変数 Y を考える．X が確率変数だ
から Y も確率変数である．このとき確率変数 Y の確率密度関数
$f_Y(y)$ は $f_X(x), g(x)$ を用いてどのように表現されるだろうか．
確率密度の保存則 $f_Y(y)\,|dy| = f_X(x)\,|dx|$ から Y の確率密度関
数 $f_Y(y)$ は

$$f_Y(y) = f_X(x) \left| \frac{dx}{dy} \right| = f_X(x)\,|g'(x)|^{-1} \tag{3.28}$$

で与えられる．変数変換に伴うこの密度関数の変換式は一般に成
り立つ．そこで特に y と x の関係として

逆関数法：inverse
transformation
method
逆関数サンプリング
法：inverse trans-
form sampling

$$y = g(x) = \int_{-\infty}^{x} f_X(u)\, du \qquad (3.29)$$

を考えてみよう. ここで $f_X(x)$ は X 自身の密度関数であるから, $g(x)$ として X の累積分布関数 $F_X(x)$ を選んだことになる. したがって $Y \in [0,1]$ であることは明らか. このとき Y の密度関数は

$$f_Y(y) = f_X(x)\, |g'(x)|^{-1} = f_X(x)\, |f_X(x)|^{-1} = 1 \qquad (3.30)$$

つまり確率変数 Y は $[0,1]$ の区間内に一様に分布する確率変数 (一様乱数) となる. この理由は (3.29) の変数変換が密度を相殺する写像になっているからである. すなわち, 密度が小さいところでは累積分布関数の傾きが小さくなり, 変数変換により密度が y 軸上に凝縮する効果が働く. 逆に密度が大きくなるところでは累積分布関数の傾きが大きくなるから y 軸上で疎になるような効果が働く (図 3.5). 結果として確率変数 Y は $[0,1]$ の区間に一様に分布することになる.

そこで逆に ξ を $[0,1]$ の区間の一様乱数として $\xi = F_X(\eta)$ を満たす η を求めると, η は密度関数 $f_X(\eta)$ に従う. このようにして一様乱数 ξ から累積分布関数の逆関数 $F_X^{-1}(\xi)$ を用いて, 密度関数 $f_X(\eta) = F_X'(\eta)$ に従う乱数 η を作成する方法を逆関数法という.

指数分布 指数分布の場合は逆関数が解析的に求められる. 平均 $1/\lambda$ の指数分布を考え

$$\xi = \int_0^\eta \lambda e^{-\lambda x} dx = \left[-e^{-\lambda x} \right]_0^\eta = 1 - e^{-\lambda \eta}$$

を η に関して解くと

$$\eta = -\lambda^{-1} \log \xi \qquad (3.31)$$

となる. ただし $1 - \xi$ は ξ で置き換えた. 一様乱数 ξ を生成し, 上式の変換を行えば平均 $1/\lambda$ の指数分布に従う確率変数を生成できる.

ワイブル分布 ワイブル分布の累積分布関数から

$$\xi = F(\eta; \lambda, \kappa) = 1 - \exp\left[-\{\Gamma(1+1/\kappa)\lambda\eta\}^{\kappa}\right]$$

これを η に関して解いて

$$\eta = -\frac{[-\log\xi]^{1/\kappa}}{\Gamma(1+1/\kappa)\lambda} \tag{3.32}$$

これより一様乱数 ξ を生成し，上式の変換を行えばワイブル分布に従う確率変数を生成できる．$-\log\xi$ が平均 1 の指数分布に従うことに注意．

その他の分布　指数分布・ワイブル分布の他にコーシー分布・パレート分布等は逆関数を陽に求められる．逆関数を解析的に求めることができないときにも，数値計算により所望の分布に従う確率変数を生成することができる．一様乱数 ξ を生成し，数値積分により $\xi = F(\eta) = \int_{-\infty}^{\eta} f(x)\,dx$ を満たす η を求めればよい．ガンマ分布・逆ガウス分布に従う確率変数はこの方法で得ることができる[12]．

3.4.2　ハザード関数を用いたイベント生成

　時事刻々のイベント生成率を表すハザード関数を用いてリニューアル過程を作成することもできる．ハザード関数からイベントを生成する場合，累積分布関数とハザード関数の関係式に注目する．

$$F(t) = 1 - \exp\left\{-\int_0^t r(u)\,du\right\}$$

を変形して次のような式を得ることができる．

$$\int_0^t r(u)\,du = -\log[1 - F(t)]. \tag{3.33}$$

ここで，η をイベント密度関数 $f(t)$（分布関数 $F(t)$）に従う確率変数とすると，$F(\eta)$ は一様乱数になり，$-\log[1-F(\eta)]$ は指数分布に従う乱数になる．そこで，指数分布に従う乱数 $\zeta\,(=-\log\xi)$ を生成し

$$\zeta = \int_0^\eta r(u)\,du$$

を満たす η を求めれば，η はイベント密度関数 $f(t)$ に従う確率変数になる．この手法は次章以降で非一様なイベント時系列を実現

する際に用いられる時間伸縮理論の基礎になる.

3.4.3 初期イベントの作成

リニューアル過程はイベント間隔 $\{T_1, T_2, \ldots, T_n\}$ を独立に生成することで実現できた.ここで,初期イベントの作成には注意が必要である.T_1 を同一のイベント間隔分布 $f(t)$ から生成すると[13],時間の原点にイベントが生成されていたことを暗に仮定することになる.このようにして得られる過程は**常リニューアル過程**と呼ばれる.例えば規則的なイベント時系列を生成するリニューアル過程を常リニューアル過程として生成し,これを複数施行繰り返すと,それらのイベント時刻は試行間で同期してしまう.図3.6(a) は,ほぼ等間隔のイベント時系列の例として,非常に大きなシェイプパラメータ κ を持つガンマ分布に従うリニューアル過程を複数試行生成した例である.

これに対して,観測前の最後のイベントがいつかわからず,最初のイベント発生時刻 t_1 に偏りのない状況を実現することを考えてみる.そのために,観測前の最後のイベント時刻を t_0 (≤ 0) とすると,t_0 が与えられた下での t_1 の条件付き密度関数は $f(t_1|t_0) = f(t_1 - t_0)$ で与えられるので,初期イベントの分布は,t_0 の密度関数を $f_0(t_0)$ とすると

$$f_1(t_1) = \int_{-\infty}^{0} f(t_1|t_0) f_0(t_0) dt_0$$
$$= \int_{-\infty}^{0} f(t_1 - t_0) f_0(t_0) dt_0 \tag{3.34}$$

となる.ここで t_0 以前のイベントについての情報を考慮しないとき,観測前の最後のイベント時刻の確率は一定値 $f_0(t_0)dt_0 = \lambda dt_0$ と仮定できる.λ は単位時間における平均イベント数であり,イベント間隔の期待値の逆数に等しい[14].

$$\lambda = \left\{ \int_0^{\infty} u f(u) du \right\}^{-1} \tag{3.35}$$

これを用いると (3.34) は

$$f_1(t_1) = \int_{-\infty}^{0} f(t_1 - t_0)\lambda dt_0 = \lambda \int_{t_1}^{\infty} f(u)du = \lambda \overline{F}(t_1) \tag{3.36}$$

13) すなわち T_i ($i = 1, \ldots, n$) は独立同一分布 $f(t)$ に従う.
常リニューアル過程:ordinary renewal process

14) 単位時間当たりの平均イベント数がイベント間隔の期待値の逆数に等しいことは直感的に正しいが,長時間の観察の下で証明できる (elementary renewal theorem).詳しくは [29] を参照.

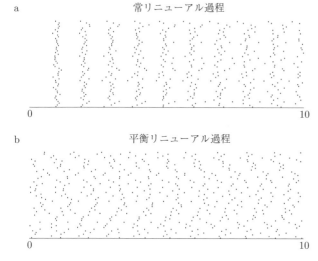

図 3.6 イベント間隔が $\lambda = 1$, $\kappa = 200$ のガンマ分布 (3.8) に従うリニューアル過程の実現 (a：常リニューアル過程，b：平衡リニューアル過程)．常リニューアル過程では，各試行は互いに独立に実現されているのにもかかわらず，試行間の同期が見られる．

となる．(3.36) を**平衡分布**という．平衡分布は，過去のイベント時刻についての情報を消去したイベント時刻の分布である．このため，初期イベントを平衡分布から生成することで，常リニューアル過程で見られたイベント時系列間の見かけの同調を取り除くことができる (図3.6(b))．初期イベントを平衡分布から生成した過程を**平衡リニューアル過程**と呼ぶ．なお，指数分布 (2.5) に対する平衡分布 (3.36) は指数分布そのものである．これは指数分布が無記憶性を持っているため，直前のイベント情報を消去しても変わらない．

平衡分布：equilibrium distribution

平衡リニューアル過程：equilibrium renewal process

3.5 リニューアル過程の推定

　リニューアル過程の実現データからパラメータを推定することを考えよう．例えば，指数分布 (2.5) はイベント生成率 λ をパラメータに持ち，ガンマ分布 (3.8) はイベント生成率 λ とシェイプパラメータ κ を持つ．イベント時系列データからこれらのパラメー

タを推定することがここで考える問題である.

　以下では未知パラメータを $\boldsymbol{\theta} = (\theta_1, \ldots, \theta_d)$ とし，イベント間隔の密度関数を $f(x; \boldsymbol{\theta})$ で表すことにする．リニューアル過程のイベント間隔は互いに独立だから，n 個のイベント間隔 $\{x_1, \ldots, x_n\}$ の同時確率密度関数は

$$\prod_{i=1}^{n} f(x_i; \boldsymbol{\theta}) \tag{3.37}$$

で与えられる．これを，データ $\{x_1, \ldots, x_n\}$ が与えられたものとして $\boldsymbol{\theta}$ の関数と見たとき**尤度関数**と呼ぶ．与えられたデータが実現する確率を高くするパラメータ値ほど尤もらしいと考えるのは自然である．この考え方に基づいて尤度関数を最大にする値を選ぶ方法を**最尤法**といい，得られた値 $\hat{\boldsymbol{\theta}}$ を**最尤推定量**という．

尤度関数：likelihood function

最尤法：maximum likelihood method
最尤推定量：maximum likelihood estimator

　尤度関数 (3.37) の代わりに，単調な関係にある尤度関数の対数

$$l(\boldsymbol{\theta}) = \sum_{i=1}^{n} \log f(x_i; \boldsymbol{\theta}) \tag{3.38}$$

を最大化しても同じである．したがって，最尤推定量は次の方程式を満たす．

$$\frac{\partial l(\boldsymbol{\theta})}{\partial \boldsymbol{\theta}} = \mathbf{0} \tag{3.39}$$

これを**尤度方程式**という．対数尤度のほうが最大値を計算するための操作が簡単になることが多い．

尤度方程式：likelihood equation

指数分布　指数分布 (2.5) の対数尤度は

$$l(\lambda) = n \log \lambda - \lambda \sum_{i=1}^{n} x_i \tag{3.40}$$

である．尤度方程式 $dl(\lambda)/d\lambda = 0$ の解は

$$\hat{\lambda} = \left(\frac{1}{n} \sum_{i=1}^{n} x_i \right)^{-1} \tag{3.41}$$

のみである[15]．この値において対数尤度の 2 階微分

$$\left. \frac{d^2 l(\lambda)}{d\lambda^2} \right|_{\lambda=\hat{\lambda}} = -\frac{n}{\hat{\lambda}^2} < 0 \tag{3.42}$$

[15] なお，観測期間 T 内に観測されたポアソン過程の尤度関数は (2.17) で与えられ，その解は $\hat{\lambda} = n/T$ となる．

は負であるから対数尤度の最大値を与える．したがって (3.41) は
イベント生成率の最尤推定値である．

ガンマ分布　ガンマ分布 (3.8) の対数尤度は

$$l(\lambda, \kappa) = n\kappa \log(\kappa\lambda) + (\kappa - 1) \sum_{i=1}^{n} \log x_i$$

$$- \kappa\lambda \sum_{i=1}^{n} x_i - n \log \Gamma(\kappa) \tag{3.43}$$

で与えられるので，尤度方程式は

$$\frac{\partial l(\lambda, \kappa)}{\partial \lambda} = \frac{n\kappa}{\lambda} - \kappa \sum_{i=1}^{n} x_i = 0 \tag{3.44}$$

$$\frac{\partial l(\lambda, \kappa)}{\partial \kappa} = n \log(\kappa\lambda) + n + \sum_{i=1}^{n} \log x_i - \lambda \sum_{i=1}^{n} x_i - n\psi(\kappa) = 0 \tag{3.45}$$

となる．ここで $\psi(\kappa) = \Gamma'(\kappa)/\Gamma(\kappa)$ はディガンマ関数である．まず (3.44) の解は κ によらずに

$$\hat{\lambda} = \left(\frac{1}{n} \sum_{i=1}^{n} x_i\right)^{-1} \tag{3.46}$$

と求められる．この値を (3.45) に代入して得られる κ の方程式

$$\frac{\partial(\hat{\lambda}, \kappa)}{\partial \kappa} = n\{\log \kappa - \psi(\kappa)\} + n \log \hat{\lambda} + \sum_{i=1}^{n} \log x_i = 0 \tag{3.47}$$

はただひとつの解 $\hat{\kappa} > 0$ を持つ[16]．対数尤度のヘッセ行列

$$\begin{pmatrix} \frac{\partial^2 l}{\partial \lambda^2} & \frac{\partial^2 l}{\partial \lambda \partial \kappa} \\ \frac{\partial^2 l}{\partial \lambda \partial \kappa} & \frac{\partial^2 l}{\partial \kappa^2} \end{pmatrix} = \begin{pmatrix} -\frac{n\hat{\kappa}}{\hat{\lambda}^2} & 0 \\ 0 & n\{\frac{1}{\kappa} - \psi'(\hat{\kappa})\} \end{pmatrix} \tag{3.48}$$

は負定値なので[17]，$(\hat{\lambda}, \hat{\kappa})$ は最尤推定量である．

ワイブル分布 (3.10) と逆ガウス分布 (3.13) に対する最尤推定
量の導出は読者に委ねよう．

[16] (3.47) は陽に解くことができないので数値的に解く必要がある．

[17] $\kappa > 0$ に対して $1/\kappa - \psi'(\kappa) < 0$.

4 非一様ポアソン過程

本章ではイベント生成確率が時間に依存する**非一様ポアソン過程**を導入する．非一様ポアソン過程はイベント生成率を用いた一様ポアソン仮定の定義（2.7 節）を時間に依存して変動するイベント生成率 $\lambda(t)$ に拡張することで，次のように定義できる．

非一様ポアソン過程：
inhomogeneous
Poisson process

$$P(\text{one event in } (t, t+\Delta]) = \lambda(t)\Delta + o(\Delta)$$

$$P(\text{more than one event in } (t, t+\Delta]) = o(\Delta) \qquad (4.1)$$

イベント生成率はこれまでのイベント履歴によらず，各々のイベント発生は独立である．以下では非一様ポアソン過程の性質を調べる．

4.1 イベント時刻の密度関数

非一様ポアソン過程において，ある時刻にイベントが生成された後で，次のイベントが生成されるまでの時間間隔の分布を求めよう．これは 2.7 節の一様ポアソンにおける導出を拡張して導出することができる．

ある時刻 t_{i-1} に $i-1$ 番目のイベントが生成され，その次の i 番目のイベントが生成されるまでのイベント間隔 X が τ の近傍である確率を求めたい．このイベント間隔の分布は，i 番目のイベントの時刻が $t_i = t_{i-1} + \tau$ 近傍に生成される確率を求めることでもある．したがって，以下の議論からイベント時刻の密度関数，そしてイベント時系列の密度関数も求めることができる．

2.7 節で行ったように，イベント間隔の確率変数 X が変数 $\tau(= t_i - t_{i-1})$ 近傍で得られる確率は微小区間における非一様ポア

ソン過程の定義を用いて求めることができる. 区間 τ を幅 Δ の N 個のビンに区切る. k 番目のビンのイベント生成率は $\lambda(t_{i-1}+k\Delta)$ である. そこで, 時刻 t_i (N 番目のビン) までイベントが起こらず, 時刻 t_i (N 番目のビン) においてイベントが生じる確率は

$$P(\tau < X \leq \tau + \Delta)$$
$$= \prod_{k=1}^{N-1}[1 - \lambda(t_{i-1} + k\Delta)\Delta] \cdot [\lambda(t_{i-1} + N\Delta)\Delta] + o(\Delta)$$
$$= \frac{\lambda(t_{i-1} + N\Delta)\Delta}{1 - \lambda(t_{i-1} + N\Delta)\Delta} \cdot \prod_{k=1}^{N}[1 - \lambda(t_{i-1} + k\Delta)\Delta] + o(\Delta)$$
$$(4.2)$$

で与えられる. ここで第 1 成分は

$$\frac{\lambda(t_{i-1} + N\Delta)\Delta}{1 - \lambda(t_{i-1} + N\Delta)\Delta} = \lambda(t_{i-1} + N\Delta)\Delta + o(\Delta) \qquad (4.3)$$

また, 第 2 成分は

$$\prod_{k=1}^{N}[1 - \lambda(t_{i-1} + k\Delta)\Delta] = \exp\left[\sum_{k=1}^{N}\log\{1 - \lambda(t_{i-1} + k\Delta)\Delta\}\right]$$
$$= \exp\left[\sum_{k=1}^{N}\{-\lambda(t_{i-1} + k\Delta)\Delta + o(\Delta)\}\right]$$
$$(4.4)$$

となる. したがって微小区間内のイベント生成確率を次のように表すことができる.

$$P(\tau < X \leq \tau + \Delta)$$
$$= \lambda(t_{i-1} + N\Delta)\Delta \exp\left[\sum_{k=1}^{N}\{-\lambda(t_{i-1} + k\Delta)\Delta + o(\Delta)\}\right] + o(\Delta)$$
$$(4.5)$$

これよりイベント間隔の確率密度関数 $p(\tau)$ を求めることができる. 前述したように, これは i 番目のイベントが t_{i-1} で起きた下で次のイベントが t_i で生成される確率密度と同義である. したがって, この確率密度関数を $p(t_i|t_{i-1})$ と表すこととして, 次のように与えられる.

$$p(t_i|t_{i-1}) = \lim_{\Delta \to 0} \frac{P(\tau < X \le \tau + \Delta)}{\Delta}$$

$$= \lambda(t_{i-1} + \tau) \exp\left[-\int_0^\tau \lambda(t_{i-1} + s)ds\right]$$

$$= \lambda(t_i) \exp\left[-\int_{t_{i-1}}^{t_i} \lambda(s)ds\right] \tag{4.6}$$

イベント時刻の密度関数は一様ポアソン過程のイベント間隔の密度関数である指数分布 $\lambda e^{-\lambda t}$ の自然な拡張になっていることがわかる.

イベント時刻の密度関数を表す (4.6) は $t_{i-1} = 0, t_i = t$ と見ればリニューアル過程におけるイベント間隔の密度関数の定義と同義である. リニューアル過程のイベント間隔の密度関数とハザード関数との間には (3.7) の関係があるから, (4.6) と見比べて

$$r(t) = \lambda(t) \tag{4.7}$$

であることがわかり, リニューアル過程のハザード関数と非一様ポアソン過程のイベント生成率は同一視できる. ただしリニューアル過程の場合には, イベント発生から経過した時間を変数とする特定のハザード関数を考え, イベントのたびに時刻が原点にリセットされた. これに対して非一様ポアソン過程の場合, 時刻 t のイベント生成率は過去のイベント履歴によらない $\lambda(t)$ のみで決まる. イベント生成率がイベント履歴によらないのは, 一様・非一様を問わずポアソン過程の特徴である.

4.2 時間伸縮によるイベント間隔分布の導出

非一様ポアソン過程は一様ポアソン過程の時間軸を伸縮することでも得ることができる. 図 4.1a で示されるように, 非一様ポアソン過程ではイベントの生成率が低い時間帯と高い時間帯がある. イベント生成率を $\lambda(t)$ で表し, イベント生成率を時刻 t まで積分した

$$\Lambda(t) = \int_0^t \lambda(u)\,du \tag{4.8}$$

を考える. 図 4.1b に関数 $\Lambda(t)$ を示す. $\Lambda(t)$ は無次元量で, いわ

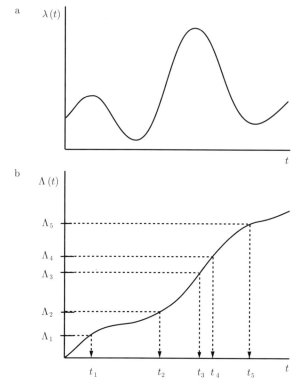

図 **4.1** 時間依存のイベント生成率と時間伸縮 (a) 時間依存イベント生成率. (b) 実時間 t 上でのイベント時刻とリスケールされた時間軸 $\Lambda(t)$ 上でのイベント時刻の関係

ば $\lambda(t)$ により規格化された時間である. イベント生成率の小さなところでは, 実時間に対し t て Λ はゆっくりと進み, イベント生成率の大きな所では Λ は早く進む. そのため, (4.8) の変数変換を行うことを**時間伸縮**をすると言う. 例えば, 図 4.1b ではリスケールされた時間軸 Λ 上にある 2 点 Λ_1, Λ_2 の間隔と 2 点 Λ_3, Λ_4 の間隔はほぼ同じだが, 実時間上の t_1, t_2 の間隔は t_3, t_4 の間隔よりずっと大きい.

時間伸縮：**time-rescaling**

リスケールされた時間軸 Λ 上で平均 1 の標準指数分布に従う一様ポアソン過程を考え, 実時間へ写像したイベント時系列が非一様ポアソン過程となることを示すことができる. Λ 軸上のイベント系列を $\{\Lambda_1, \Lambda_2, \cdots\}$ とすると, イベント間隔 $z_i = \Lambda_i - \Lambda_{i-1}$ が標準指数分布

$$f(z) = \exp(-z) \tag{4.9}$$

に従う. 実時間との対応関係は $\Lambda_i = \Lambda(t_i)$ だから

$$z_i = \Lambda(t_i) - \Lambda(t_{i-1}) = \int_{t_{i-1}}^{t_i} \lambda(u)\,du \tag{4.10}$$

が標準指数分布に従うことになる. この関係式を用いて z_i から t_i への変数変換を行うことで, 非一様ポアソン過程の条件付イベント間隔分布の密度関数 $p(t_i|t_{i-1})$ を得ることができる. すなわち, 密度関数の保存則を用いて

$$
\begin{aligned}
p(t_i|t_{i-1}) &= \left| \frac{dz_i}{dt_i} \right| f(z_i) \\
&= \lambda(t_i) \exp\left[-\int_{t_{i-1}}^{t_i} \lambda(u)\,du \right] \tag{4.11}
\end{aligned}
$$

したがって, 再び (4.6) を得る.

なお, i 番目のイベント時刻 t_i が時刻 T 以下となる確率（累積分布関数）は, t_i から $z_i = \Lambda(t_i) - \Lambda(t_{i-1})$ への変数変換 $(dz_i = \lambda(t_i)dt_i)$ を再び用いることで次のように計算できる.

$$
\begin{aligned}
P(t_i \le T) &= \int_{t_{i-1}}^{T} p(t_i|t_{i-1})dt_i \\
&= \int_0^{\Lambda(T)-\Lambda(t_{i-1})} \exp(-z_i)dz_i \\
&= 1 - \exp\left[-(\Lambda(T) - \Lambda(t_{i-1})) \right] \\
&= 1 - \exp\left[-\int_{t_{i-1}}^{T} \lambda(u)du \right] \tag{4.12}
\end{aligned}
$$

したがって, i 番目のイベント時刻 t_i が時刻 T 以降となる確率（生存関数）は

$$
\begin{aligned}
P(t_i > T) &= 1 - P(t_i \le T) \\
&= \exp\left[-\int_{t_{i-1}}^{T} \lambda(u)du \right] \tag{4.13}
\end{aligned}
$$

で与えられる.

4.3 非一様ポアソン過程の同時確率密度関数

非一様ポアソン過程に従うイベント時系列 $\{t_i\}_{i=1}^{n}$ の同時確率密度関数を求めよう。時刻 t_{i-1} から t_i までイベントが生じず，時刻 t_i においてイベントが生じる確率密度は (4.6) より

$$p\left(t_i|t_{i-1}\right) = \lambda\left(t_i\right)\exp\left[-\int_{t_{i-1}}^{t_i}\lambda\left(u\right)du\right] \qquad (4.14)$$

で与えられる。ただし t_0 を時刻 0 とする（$t_0 = 0$）。イベント時系列 $\{t_i\}_{i=1}^{n}$ は独立に生じるから，区間 $(0,T]$ に n 個のイベントが時刻 $\{t_1, t_2, \ldots, t_n\}$ に生成される同時確率は

$$p_{(0,T]}\left(t_1, \ldots, t_n\right) = \prod_{i=1}^{n} p\left(t_i|t_{i-1}\right)\cdot P\left(t_{n+1} > T|t_n\right) \qquad (4.15)$$

で与えられる。ここで $P\left(t_{n+1} > T|t_n\right)$ は $n+1$ 番目のイベントと n 番目のイベントとの間隔が $T - t_n$ より大きい確率と同義で，これは生存関数 (4.13) で与えられる。したがって，非一様ポアソン過程の同時確率密度関数は次のようになる[1]。

$$\begin{aligned}
&p_{(0,T]}\left(t_1, \ldots, t_n\right) \\
&= \prod_{i=1}^{n}\lambda\left(t_i\right)\exp\left[-\int_{t_{i-1}}^{t_i}\lambda\left(u\right)du\right]\cdot\exp\left[-\int_{t_n}^{T}\lambda\left(u\right)du\right] \\
&= \prod_{i=1}^{n}\lambda\left(t_i\right)\exp\left[-\int_{0}^{T}\lambda\left(u\right)du\right] \qquad (4.16)
\end{aligned}$$

[1] この式は 2.6 節の一様ポアソン過程の同時確率密度関数 (2.17) を拡張したものになっている。

2.6 節の一様ポアソン過程の場合と同様に，非一様ポアソン過程の場合にも，同時確率密度関数から区間 T 内に生成されるイベント数の分布を導くことができる。イベント個数の分布はイベント生成時刻の取り得る可能性を尽くして

$$P(N(T) = n) = \int_{0}^{T} dt_1 \int_{t_1}^{T} dt_2 \cdots \int_{t_{n-1}}^{T} dt_n p_{(0,T]}\left(t_1, \ldots, t_n\right) \qquad (4.17)$$

で与えられる。ここで $t_1 < t_2 < \cdots < t_n$ の順序を考慮して行う

積分を，順序を考慮しない積分で実行すると

$$
\begin{aligned}
P(N(T) = n) &= \frac{1}{n!} \int_0^T dt_1 \int_0^T dt_2 \cdots \int_0^T dt_n p_{(0,T]}(t_1, \ldots, t_n) \\
&= \frac{1}{n!} \int_0^T dt_1 \int_0^T dt_2 \cdots \int_0^T dt_n \prod_{i=1}^n \lambda(t_i) \\
&\quad \times \exp\left[-\int_0^T \lambda(u)\, du\right] \\
&= \frac{1}{n!} \left[\int_0^T \lambda(u) du\right]^n \exp\left[-\int_0^T \lambda(u)\, du\right]
\end{aligned}
\tag{4.18}
$$

となり，ポアソン分布が得られる．ポアソン分布の平均値 $\int_0^T \lambda(u) du$ はこの区間におけるイベント生成率のグラフの面積で与えられる．

4.4　非一様ポアソン過程の実現

　非一様ポアソン過程を計算機上でシミュレーションする方法を紹介する．非一様ポアソン過程はイベントの発生が瞬間的な生成確率にのみ依存するという点で比較的単純な点過程である．シミュレーションの方法としては，まずイベント生成率 $\lambda(t)$ を用いる方法が考えられる．時間を十分小さな幅 Δ の区間に区切って，イベントの発生をベルヌーイ過程で近似する．各区間で一様乱数を生成し，イベントを $\lambda(t)\Delta$ の確率で発生させる．イベントが生じない確率は $1 - \lambda(t)\Delta$ である．非一様ポアソン過程は履歴を考慮せず微小区間ごとに独立に計算できる．十分小さな Δ を用いればポアソン過程を近似することができるはずである．この直接的な方法は最も実装が簡潔だが，乱数を微小区間ごとに生成する必要があり計算効率が著しく悪い．以下では，より効率の良い時間伸縮を用いる方法と間引き法による実現方法を紹介する．

4.4.1　時間伸縮を用いた実現

　毎回乱数を生成させるよりも効率が良い方法として，前節の時間伸縮に基づく方法がある．(4.10) に従えば，非一様ポアソン時

系列を数値的に実現するためには，指数分布に従う乱数を発生させ，これを満たす t_i を逐次求めていけばよい．この方法は次のようにまとめられる.

1. $t_0 = 0$, $i = 1$.

2. イベント生成率 1 の指数分布に従う乱数 η を生成する.

3. $\eta = \int_{t_{i-1}}^{t_i} \lambda(u)\,du$ を満たす t_i を求める.

4. $t_i \geq T$ ならば終了．$t_i < T$ ならば $i \leftarrow i+1$ とし，2 へ.

アルゴリズムの第 2 ステップで指数分布に従う乱数を発生させるには 3.4.1 項で説明した逆関数法を用いる．この方法は指数分布に従う乱数を 1 回発生させ，その値になるまでイベント生成率を数値的に足し込んでいく（積分する）ため，効率が良い.

4.4.2 間引き法による実現

もうひとつの簡潔でかつ効率の良い方法としてよく用いられる**間引き法**を紹介する[2]．まず $[0, T]$ の範囲に生成率が M の一様ポアソン過程を生成する．ただし，M はどの時刻のイベント生成率よりも大きい値とする（つまり $t \in [0, T]$ に対して $\lambda(t) \leq M$）．生成されたイベント時系列を $\{t_1^*, t_2^*, \ldots\}$ とする．次に時刻 t_i^* におけるイベントを $\lambda(t_i^*)/M$ の確率で残す．残ったイベント時系列 $\{t_1, t_2, \ldots\}$ はイベント生成率 $\lambda(t)$ のポアソン過程に従う．まとめると以下のようになる.

間引き法：**thinning method**
[2] この方法の正当性については 5.4.2 項で証明する.

1. $[0, T]$ の区間のイベント生成率 $\lambda(t)$ を用意する.

2. $M = \max_t \lambda(t)$ を求める.

3. $t = 0$, $i = 1$.

4. パラメータ M の指数分布に従う乱数 η を生成する.

5. $t = t + \eta$, $t > T$ ならば終了.

6. $[0, 1]$ の区間の一様乱数 ξ を生成する.

$\lambda(t)/M \geq \xi$ ならば $t_i = t$, $i \leftarrow i+1$.

7. 4 に戻る.

4.5　ヒストグラムを用いたイベント生成率の推定

　本節ではイベントデータが非一様ポアソン過程からサンプリン
グされたと仮定し，データから変動するイベント生成率を推定す
るために，1.3.3項で紹介した最適な**ヒストグラム**を構築する手順
を導く[3]．ここでは，長さ T のイベント時系列が n 回観測された
状況を考える．2.2節で述べたように，1回の実験で得られた複数
のイベントデータが相互に依存している場合でも，同じ実験を繰
り返して得られたサンプルを蓄積すると近傍のイベントはほぼ異
なる実験から得られたものとなるため実質的に独立であり，非一
様過程ポアソン過程として取り扱うことができる [1,2,21]．

　ヒストグラムは幅 Δ[4] の各ビンに属するイベントの数を数えあ
げて作成する．データ範囲 T を N 区間に分割し，各区間の長さ
（ビン幅）を $\Delta = T/N$ とする．簡単のために，ここでは T が N
で割り切れる場合を考える（データ範囲がビン幅の整数倍）．i 番
目の区間内の n 試行にわたるイベントの総数を k_i とする．この
とき，イベントの総数を区間幅および試行数で除算し，$k_i/n\Delta$ と
するとイベント生成頻度の推定値を得る．これを i 番目のビンで
の棒グラフの高さとすることで，変動するイベント生成率の推定
値を可視化できる（図1.6）．

　しかしこのように構築されたヒストグラムの形状はビン幅の大
きさに依存する．例えば非常に短い時間幅でヒストグラムを作成
すると，ヒストグラムの形状は手持ちのデータセットに大きく依
存することになる．仮に n 回の試行というセットをさらに複数回
繰り返すことができたとすると，そのヒストグラムの形状が試行
セットごとに大きく異なることが予想される．逆に大きなビン幅
を使用するとヒストグラムの形状は試行セットごとに変動しなく
なるが，大きなビン幅を使用したヒストグラムでは連続的に変化
する背後のイベント生成率を捉えることができない．したがって，
短すぎず長すぎない最適なビン幅を選択することが望まれる．

4.5.1　ヒストグラム法

　そこでヒストグラムが背後のイベント生成率の推定器としてど

ヒストグラム：**histogram**
[3] 本節の内容は [18] に基づく。
[4] この Δ はこれまでに定義したような微小区間ではなく，区間の中に複数のイベントが入るような場合も含めた比較的大きなサイズを想定している．

のように作成されるのかを再考し，ビン幅選択のための基準を導
入する．長さ T の非一様ポアソン過程のイベント生成率を $\lambda(t)$
$(t \in [0, T])$ とする．区間 $[(i-1)\Delta, i\Delta]$ $(i = 1, \ldots, N)$ の時間平
均は

$$\theta_i = \frac{1}{\Delta} \int_{(i-1)\Delta}^{i\Delta} \lambda(t) \, dt \qquad (4.19)$$

で与えられる．各試行における，この区間内のイベントの個数は
イベント生成率の面積 $\theta_i \Delta$ を平均とするポアソン分布で与えられ
る（(4.18) 参照）．したがって，n 回の試行数の総イベント数 k_i
のポアソン分布は，平均 $n\theta_i \Delta$ を用いて次のように表すことがで
きる．

$$P(k_i | n\theta_i \Delta) = \frac{(n\theta_i \Delta)^{k_i}}{k_i!} e^{-n\theta_i \Delta} \qquad (4.20)$$

次にビン内のデータの個数 k_i が与えられた下で，パラメータ θ_i
の値を最尤推定によって求めることを考える．対数尤度関数

$$\log P(k_i | n\theta_i \Delta) = k_i \log n\theta_i \Delta - n\theta_i \Delta - \log k_i! \qquad (4.21)$$

より，最尤推定量

$$\hat{\theta}_i = \frac{k_i}{n\Delta} \qquad (4.22)$$

を得る[5]．データから求められるヒストグラムの高さはポアソン
分布 (4.20) のパラメータ θ_i の最尤推定量であることがわかった．
また，最尤推定の推定量はデータが十分にあるとパラメータ θ_i に
接近する．これは，データ生成の分布による期待値が θ_i に一致す
ることから確認できる．

$$E\hat{\theta}_i = E\frac{k_i}{n\Delta} = \frac{n\Delta\theta}{n\Delta} = \theta \qquad (4.23)$$

ここで E はポアソン分布 (4.20) による期待値を表している．推
定量 $\hat{\theta}_i$ の期待値が推定対象のパラメータに一致するとき，$\hat{\theta}_i$ を**不
偏推定量**という．

　以上より，ヒストグラムは各ビンにおいて背後のイベント生成
率のビン内での時間平均 θ_i の推定値を棒グラフで表したものに
なっている（図 4.2）．ヒストグラムは**区分的に一定な関数**である
と見なすこともできる．このヒストグラム関数を以降では $\hat{\lambda}(t)$ と
書くことにする．

5) $\dfrac{\partial \log P(k_i | n\theta_i \Delta)}{\partial \theta_i}$
$= \dfrac{k_i}{\theta_i} - n\Delta = 0$

不偏推定量：unbiased
estimator

区分的に一定な関数：
piecewise-constant
function

$$\theta_i = \frac{1}{\Delta} \int_{(i-1)\Delta}^{i\Delta} \lambda(t)\, dt$$

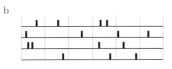

$$p(k|n\theta\Delta) = \frac{(n\theta\Delta)^k}{k!} e^{-n\theta\Delta}$$

$$\hat{\theta}_i = \frac{k_i}{n\Delta}$$

図 4.2　ポアソン過程に従うデータの生成とヒストグラムの作成. (a) 背後のイベント生成率 $\lambda(t)$ に従うポアソン時系列. 各ビンの横棒（実線）の高さ θ は幅 Δ のビンの中でのイベント生成率の時間平均を表している. (b) イベント生成率に従って生成されたイベント時系列. 同じ時間プロファイル $\lambda(t)$ に従う n 回の時系列が観測された場合を表している. (c) 観測されたイベント時系列から作成したヒストグラム. 推定されたイベント生成率 $\hat{\theta}$ は各ビンに入るイベントの総数 k をビン幅 Δ および時系列の数 n で割ることで得られる.

4.5.2　ヒストグラムのビン幅最適化

積分二乗誤差：Integrated Squared Error (ISE)

イベント時系列のレート $\lambda(t)$ とヒストグラム $\hat{\lambda}(t)$ の当てはまりの良さは次で表される**積分二乗誤差 (ISE)** で評価することができる[6].

6) もちろんこれ以外の評価基準も考えられる. 代表的なものにHellinger 距離等がある.

$$\mathrm{ISE} \equiv \frac{1}{T} \int_0^T \left(\lambda(t) - \hat{\lambda}(t) \right)^2 dt \qquad (4.24)$$

積分二乗誤差は n 回の試行を 1 つのセットとしてセットごとに変動する. そこで, n 試行のセットを複数回繰り返すことができたと仮定し, それらの平均値が収束する値を考える. これは (4.20) のポアソン分布による期待値 E をとることで実現され, **平均積分二乗誤差 (MISE)** と呼ばれる.

平均積分二乗誤差：Mean Integrated Squared Error (MISE)

$$\mathrm{MISE} \equiv \frac{1}{T} \int_0^T E \left(\lambda(t) - \hat{\lambda}(t) \right)^2 dt \qquad (4.25)$$

本節では平均二乗誤差最小化の観点から最適区間幅を決定する公式を導出する. MISE を区間ごとに表すと $T = N\Delta$ を用いて

$$
\begin{aligned}
\mathrm{MISE} &= \frac{1}{N\Delta} \sum_{i=1}^{N} \int_{\Delta(i-1)}^{\Delta i} E\left(\lambda(t) - \hat{\lambda}(t)\right)^2 dt \\
&= \frac{1}{N} \sum_{i=1}^{N} \frac{1}{\Delta} \int_0^{\Delta} E\left(\lambda(t+(i-1)\Delta) - \hat{\theta}_i\right)^2 dt \\
&= \left\langle E\left[\frac{1}{\Delta} \int_0^{\Delta} \left(\lambda(t+(i-1)\Delta) - \hat{\theta}_i\right)^2 dt \right] \right\rangle \\
&= E\left[\frac{1}{\Delta} \int_0^{\Delta} \left\langle \left(\lambda(t+(i-1)\Delta) - \hat{\theta}_i\right)^2 dt \right\rangle \right] \quad (4.26)
\end{aligned}
$$

2つ目の等号ではヒストグラム $\hat{\lambda}(t)$ が区間内で一定値であることを用い,また積分範囲を $[0, \Delta]$ に統一した.3つ目の等号では N 個の区間による平均操作を表す新たな記号として $\frac{1}{N}\sum_{i=1}^{N} \cdot \equiv \langle \cdot \rangle$ を導入した.

MISE は区間幅 Δ 内でのレートのゆらぎとイベント生成のゆらぎに分割することができる.被積分関数の二乗誤差を真のヒストグラムの高さ θ_i を用いて分割する[7].

$$
\begin{aligned}
\mathrm{MISE} &= \frac{1}{\Delta} \int_0^{\Delta} \left\langle E\left(\hat{\theta}_i - \theta_i + \theta_i - \lambda(t+(i-1)\Delta) \right)^2 \right\rangle dt \\
&= \left\langle E(\hat{\theta}_i - \theta_i)^2 \right\rangle + \frac{1}{\Delta} \int_0^{\Delta} \left\langle \left(\lambda(t+(i-1)\Delta) - \theta_i \right)^2 \right\rangle dt
\end{aligned}
$$
$$(4.27)$$

1つ目の項 $\left\langle E(\hat{\theta}_i - \theta_i)^2 \right\rangle$ は推定量の期待値の周りでの確率的ゆらぎを表しており分散項と呼ばれる.2つ目の項は λ_t のビン幅 Δ 内での平均 θ_i の周りでの時間的なゆらぎを表しており,変動する λ_t を区分一定な関数で近似することによる誤差を表すことからバイアス項と呼ばれる.したがって,これは二乗誤差の**バイアス–分散分解**になっている.一般に推定量のゆらぎは Δ を小さくすると大きくなっていく(後述).一方,バイアス項は Δ を小さくすると小さくなっていく.逆に,Δ を大きくすると分散項は小さくなり,バイアス項が大きくなる関係にある.最適なビン幅は相反する2つの誤差の和を最小にするように選ばれる.

後述するように第1項のポアソン過程に由来する推定量のゆらぎはデータから見積もることができる.一方で,バイアス項については背後のイベント生成率 $\lambda(t)$ やそれに基づく真のヒストグラ

[7] ここで $\hat{\theta}_i$ は θ_i の不偏推定量であり,θ_i は λ_t の i 番目の区間の平均であることから,
$E(\hat{\theta}_i - \theta_i)\frac{1}{\Delta}\int_0^{\Delta}(\lambda(t+(i-1)\Delta) - \theta_i)dt = 0$
を用いた.

バイアス–分散分解:
bias-variance decomposition

ムの高さ θ_i を含むため，データから直接求めることはできない．
そこで，バイアス項を真のヒストグラムの平均 $\langle \theta_i \rangle$ を用いて，さ
らに次のように分割する．

$$\frac{1}{\Delta} \int_0^\Delta \left\langle \left(\lambda(t + (i-1)\Delta) - \theta_i \right)^2 \right\rangle dt$$
$$= \frac{1}{\Delta} \int_0^\Delta \left\langle \left(\lambda(t + (i-1)\Delta) - \langle \theta_i \rangle \right)^2 \right\rangle dt$$
$$- \left\langle \left(\theta_i - \langle \theta_i \rangle \right)^2 \right\rangle \tag{4.28}$$

ただし $\langle \theta_i \rangle = \frac{1}{T} \int_0^T \lambda(t)\, dt$ はイベント生成率の観測期間にわた
る平均値でもある．したがってイベント生成率の時間平均を μ と
して第1項は

$$\frac{1}{\Delta} \int_0^\Delta \left\langle \left(\lambda(t + (i-1)\Delta) - \langle \theta_i \rangle \right)^2 \right\rangle dt = \frac{1}{T} \int_0^T \left(\lambda(t) - \mu \right)^2 dt \tag{4.29}$$

となり，イベント生成率 $\lambda(t)$ がその時間平均 μ からどの程度ゆら
いでいるかを表している．よってこの項はヒストグラムのビン幅
Δ によらない項である．一方，第2項は背後のイベント生成率に
基づく真のヒストグラムの時間的な変動を表しており，これは観
測可能な量ではない．しかし次のような分解

$$\left\langle E(\hat{\theta}_i - \langle E\hat{\theta}_i \rangle)^2 \right\rangle = \left\langle E(\hat{\theta}_i - \theta_i + \theta_i - \langle \theta_i \rangle)^2 \right\rangle$$
$$= \left\langle E(\hat{\theta}_i - \theta_i)^2 \right\rangle + \left\langle (\theta_i - \langle \theta_i \rangle)^2 \right\rangle \tag{4.30}$$

を用いることで，真のヒストグラムの時間変動を観測量 $\hat{\theta}_i$ からな
る式で置き換えることができる．

$$\left\langle (\theta_i - \langle \theta_i \rangle)^2 \right\rangle = \left\langle E(\hat{\theta}_i - \langle E\hat{\theta}_i \rangle)^2 \right\rangle - \left\langle E(\hat{\theta}_i - \theta_i)^2 \right\rangle \tag{4.31}$$

さらに上式の右辺第1項は観測されたヒストグラムの時間平均 $\langle \hat{\theta}_i \rangle$
を用いて次のように分解することができる．

$$\left\langle E(\hat{\theta}_i - \langle E\hat{\theta}_i \rangle)^2 \right\rangle = E \left\langle (\hat{\theta}_i - \langle \hat{\theta}_i \rangle + \langle \hat{\theta}_i \rangle - \langle E\hat{\theta}_i \rangle)^2 \right\rangle$$
$$= E \left\langle (\hat{\theta}_i - \langle \hat{\theta}_i \rangle)^2 \right\rangle + E(\langle \hat{\theta}_i \rangle - \langle E\hat{\theta}_i \rangle)^2 \tag{4.32}$$

右辺第 1 項はヒストグラムの時間ゆらぎの期待値を表し，観測された
イベント時系列から推定できる項である．一方で第 2 項は観
測されたヒストグラムの時間平均が背後のイベント生成率（および真のヒストグラム）の時間平均に対してどの程度ゆらいでいるかを表しているが，これは

$$E(\langle\hat\theta_i\rangle - \langle E\hat\theta_i\rangle)^2$$
$$= E\left(\frac{1}{N}\sum_{i=1}^N \frac{k_i}{n\Delta} - \frac{1}{N}\sum_{i=1}^N \frac{1}{\Delta}\int_0^\Delta \lambda(t+(i-1)\Delta)\,dt\right)^2$$
$$= E\left(\frac{1}{nT}\sum_{i=1}^N k_i - \frac{1}{T}\int_0^T \lambda(t)\,dt\right)^2 \tag{4.33}$$

より，観測区間内の平均発火率の変動であり，この項はビン幅によらない値となる．

以上より，MISE の計算のうち Δ に依存する項のみを考慮した次のようなコスト関数を定義し，MISE の最小値を与えるビン幅 Δ をコスト関数の最小値を与えるビン幅として求めることができる．

$$\tilde C_n(\Delta) \equiv \mathrm{MISE} + E(\langle\hat\theta_i\rangle - \langle E\hat\theta_i\rangle)^2 - \frac{1}{T}\int_0^T (\lambda(t)-\mu)^2\,dt$$
$$= 2\left\langle E(\hat\theta_i-\theta_i)^2\right\rangle - E\left\langle(\hat\theta_i-\langle\hat\theta_i\rangle)^2\right\rangle \tag{4.34}$$

本手法はイベント過程としてポアソン過程を仮定しているため，各ビンでカウントされたイベントの数 k_i はポアソン分布に従う．ポアソン分布の分散は平均と等しい．イベント生成率の推定量 $\hat\theta_i = k_i/(n\Delta)$ に対しては次の式が成り立つ．

$$E(\hat\theta_i-\theta_i)^2 = \frac{1}{n\Delta}E\hat\theta_i \tag{4.35}$$

(4.35) を (4.34) に代入して，コスト関数は推定量 $\hat\theta_i$ の関数として次のように書ける．

$$\tilde C_n(\Delta) = \frac{2}{n\Delta}E\left\langle\hat\theta_i\right\rangle - E\left\langle(\hat\theta_i-\langle\hat\theta_i\rangle)^2\right\rangle \tag{4.36}$$

したがって，期待値を取り外すことでコスト関数の不偏推定量が得られる．

$$C_n(\Delta) = \frac{2}{n\Delta} \left\langle \hat{\theta}_i \right\rangle - \left\langle (\hat{\theta}_i - \langle \hat{\theta}_i \rangle)^2 \right\rangle \qquad (4.37)$$

すなわちコスト関数は観測されたヒストグラムの時間平均と分散を用いて計算することができる．さらに $\hat{\theta} = k_i/(n\Delta)$ を用いれば，コスト関数はイベント個数の平均と分散を用いて

$$C_n(\Delta) = \frac{2\bar{k} - v}{(n\Delta)^2} \qquad (4.38)$$

と書くことができる．ただし，k, v はイベント数の試行平均と分散である：$\bar{k} = \frac{1}{N} \sum_{i=1}^{N} k_i$, $v = \frac{1}{N} \sum_{i=1}^{N} (k_i - \bar{k})^2$．最適なビン幅はこのコスト関数の最小値を与える Δ^* である．

4.6 カーネルを用いたイベント生成率の推定

変動するイベント生成率の推定手法として，カーネル関数を用いた手法を紹介する．密度推定の文脈ではこの方法は**カーネル密度推定**として知られる．カーネル法による推定はヒストグラム法に比べて多くの場合で誤差が少ないため，計算量を削減したい等の特別な理由がない限りカーネル法を用いた推定を行うのが良い．カーネル法では，カーネル関数やその実効的な幅（バンド幅）を選択する必要があり，特にそのバンド幅の選択が推定精度に大きく影響する．この理由はヒストグラムのビン幅の選択と同様である．以下ではカーネル関数のバンド幅の選択方法を紹介する[8]．

カーネル密度推定：
kernel density estimation

[8] 本節の内容は [19] に基づく．

4.6.1 カーネル法

カーネル関数を用いたイベント生成率の推定方法は以下のとおりである．変動する真のイベント生成率 $\lambda(t)$（図 4.3a）から得られる複数回のイベント時系列データを想定し（図 4.3b），イベント時系列を重ね合わせたイベント時系列データ t_i $(i = 1, 2, \cdots, N)$ を次のようにデルタ関数を用いて表す．

$$x(t) = \frac{1}{n} \sum_{i=1}^{n} \delta(t - t_i) \qquad (4.39)$$

ここで n は繰り返し試行の数である．カーネル関数を用いたイベント生成率の推定はこのデータ時系列 $x(t)$ と**カーネル関数** $k(s)$

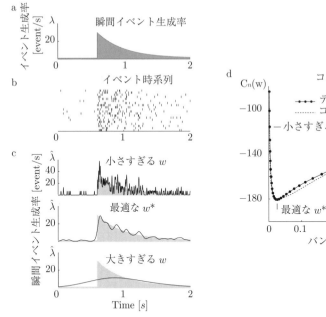

図 **4.3** カーネル法を用いたイベント生成率の推定とバンド幅の選択.
(a) 非一様ポアソン過程のイベント生成率 $\lambda(t)$. (b) 非一様イベ
ント生成率を用いたポアソン過程からサンプリングした 20 個
のイベント時系列. (c) カーネル法を用いたイベント生成率の推
定. バンド幅を「小さすぎる」「中間」「大きすぎる」の 3 種類
で作成した. 中間のバンド幅は最適なバンド幅であることが示
される. 灰色の部分は真のイベント生成率. (d) バンド幅 w に
対するコスト関数. 点はデータから算出したコスト関数, 破線
は厳密なコスト関数である.

の畳み込み積分で与えられる.

$$\hat{\lambda}(t) = \int x(t-s)k(s)\,ds \tag{4.40}$$

積分 $\int$ は $\int_{-\infty}^{\infty}$ を表す. カーネル関数は密度関数の条件,
$\int k(s)\,ds = 1$, を満たし, 中心がゼロで, $\int sk(s)\,ds = 0$, か
つ有限のバンド幅を有する : $w^2 = \int s^2 k(s)\,ds < \infty$.

一般によく用いられるのはガウスカーネルである.

$$k_w(s) = \frac{1}{\sqrt{2\pi}w}\exp\left(-\frac{s^2}{2w^2}\right) \tag{4.41}$$

ここで w がバンド幅である.

異なる大きさのバンド幅を用いた変動イベント生成率の推定結果を図 4.3c に示している．ヒストグラムの場合と同様に，バンド幅が小さすぎると与えられたデータに過剰適合した推定値が得られる．一方，バンド幅が大きすぎると変動する背後のイベント生成率に追従できなくなる．したがって，この場合も最適なバンド幅を選択する必要が出てくる．以下ではバンド幅を最適化する公式を紹介する [19]．

4.6.2 カーネルバンド幅最適化

バンド幅選択の基準はヒストグラムと同様に積分二乗誤差 (MISE) を採用する．

$$\text{MISE} = \int E[(\lambda(t) - \hat{\lambda}(t))^2]dt \tag{4.42}$$

ヒストグラムのときと同様にバンド幅選択と無関係な部分を差し引いたコスト関数を導入する．

$$\tilde{C}_n(w) = \text{MISE} - \int \lambda(t)^2 \, dt$$
$$= \int E\hat{\lambda}(t)^2 \, dt - 2\int \lambda(t) E\hat{\lambda}(t) \, dt \tag{4.43}$$

コスト関数はデータとカーネル関数を用いた以下の式で推定することができる．

$$C_n(w) = \frac{1}{n^2}\sum_{i,j}\int k_w(t-t_i)\,k_w(t-t_j)\,dt - \frac{2}{n^2}\sum_{i\neq j}k_w(t_i - t_j) \tag{4.44}$$

この式はコスト関数の不偏推定量になっている．導出はヒストグラムのときと同様に，イベントデータがポアソン過程に従うという仮定を用いて行う．詳しい導出は [19] を参照のこと．ガウスカーネルの場合，以下のように計算量を削減した公式を得ることができる．

$$2\sqrt{\pi}n^2 C_n(w) = \frac{N}{w} + \frac{2}{w}\sum_{i<j}\left\{e^{-\frac{(t_i-t_j)^2}{4w^2}} - 2\sqrt{2}e^{-\frac{(t_i-t_j)^2}{2w^2}}\right\} \tag{4.45}$$

したがって，最適なカーネルバンド幅はコスト関数の推定値を最小化するバンド幅により得ることができる．図 4.3d に推定された

コスト関数とその理論値を示す.

この手法は与えられた時系列データに対して最適なバンド幅を
1つ求める手法である. 背後のイベント生成率の時間スケールが
急激に変化する場合, 時事刻々最適なバンド幅を使用することで
より精度の良い推定を行いたいという要望もある. このような場
合, バンド幅自身が時間的に変動するため, どの程度の変動を許
容するかまで含めて最適化する必要がある. これを行う局所適応
カーネル推定手法も開発されている [19].

上記のヒストグラムのビン幅やカーネル関数のバンド幅は非一
様ポアソン過程を仮定して導出された. これに非常に近い問題設
定として, 与えられたデータから背後の密度関数を推定する密度
推定の問題がある. データ総数の取得にも不確実性がある現実的
な状況では, ポアソン過程を仮定した上記の手法を密度推定にも
そのまま使用できる. 一方, 古典的な密度推定の文脈ではデータ
の総数が決まっている状況を考える場合が多い. その場合, 生成
されるヒストグラムは非一様ポアソン過程に基づくデータから算
出するヒストグラムよりもゆらぎが小さくなり, 最適なビン幅・
バンド幅を求める式は厳密には若干異なり, 上式より複雑になる
(公式はRudemoによって初めて導出された [17]). ただし, 両者
のコスト関数にはほとんど違いがなく, 特にデータ数が多い場合
は互いに収束する. したがって, 実用上はデータの総数が固定
されている場合でも上記の手法を用いて問題ない.

ヒストグラムやカーネル関数を用いた古典的なノンパラメトリッ
ク推定法は, いずれも変動する背後のイベント生成率を推定する
際に, 近接する時間のイベント生成率は似た値を取るという時間
的な相関構造を仮定・導入することでイベント生成時刻近傍のイ
ベント生成率を推定している. より形式的には, このような仮定
は背後のイベント生成率を表す関数の推定に対して, 関数の滑ら
かさを事前知識として導入したベイズ推論の枠組みで記述される.
その代表的な手法に状態空間モデルを用いたイベント時系列の定
式化と逐次ベイズ推定および平滑化の枠組みがある. 第7章では
この枠組みを詳しく解説する.

5 ▶ 点過程の一般論

本章では，イベント生起確率が過去に生成したイベントに依存する一般的な設定で点過程を定式化する．ポアソン過程とリニューアル過程は，この設定の特殊な場合に含まれる．また，この枠組みをイベントの属性情報を持つマーク付き点過程へ拡張する．

5.1 ▶ 過去のイベントの影響を受ける点過程

前章までに見た一様ポアソン過程と非一様ポアソン過程，およびリニューアル過程の導入の仕方は，イベント時刻（もしくはイベント間隔）の密度関数から出発するアプローチとイベント生成率を出発点とするアプローチに分けることができる．ここでは，これら 2 つのアプローチを整理しながら，イベント生起確率が過去の履歴に依存する一般の点過程を定式化する．

5.1.1 イベント時刻の密度関数による定義

$i(=1,2,\dots)$ 番目のイベント時刻を表す確率変数を S_i とする．$i-1$ 番目までのイベントが時刻 $S_j = t_j$ $(j = 1,\dots,i-1)$ に起こった条件の下での i 番目のイベント時刻の密度関数が与えられているとする．

$$
\begin{aligned}
& p(t_i|t_1,\dots,t_{i-1}) \\
& = \lim_{\Delta \to 0} \frac{P(t_i < S_i \le t_i + \Delta | S_1 = t_1,\dots,S_{i-1} = t_{i-1})}{\Delta}
\end{aligned}
$$

$$(5.1)$$

例えば，リニューアル過程の場合は，イベント間隔の密度関数 $f(x)$

を用いて

$$p(t_i|t_1,\ldots,t_{i-1}) = p(t_i|t_{i-1}) = f(t_i - t_{i-1}) \tag{5.2}$$

で与えられる[1]. (5.1) はこれを過去に発生したすべてのイベントに依存する形に一般化したものである.

このとき, $i-1$ 番目までのイベントが与えられた下で時刻 $t(> t_{i-1})$ までに i 番目のイベントが発生しない確率を表す "条件付き"生存関数は

$$\overline{F}(t|t_1,\ldots,t_{i-1}) = P(S_i > t|S_1 = t_1,\ldots,S_{i-1} = t_{i-1}) \tag{5.3}$$

と定義されるが, これは (5.1) を用いて

$$\overline{F}(t|t_1,\ldots,t_{i-1}) = 1 - \int_{t_{i-1}}^{t} p(u|t_1,\ldots,t_{i-1})du \tag{5.4}$$

で与えられる. (5.1) と (5.4) を用いると, 任意の時間区間 $(0,T]$ におけるイベント時系列 $\{t_1,\ldots,t_n\}$ の同時確率密度関数は

$$p_{(0,T]}(t_1,\ldots,t_n) = p(t_1)\left\{\prod_{i=2}^{n} p(t_i|t_1,\ldots,t_{i-1})\right\}$$
$$\times \overline{F}(T|t_1,\ldots,t_n) \tag{5.5}$$

と求められる. ただし $p(t_1)$ は最初のイベント時刻の確率密度関数である.

また, ハザード関数は (3.2) と同様にして

$$r(t|t_1,\ldots,t_{i-1})$$
$$= \lim_{\Delta \to 0} \frac{P(t < S_i \le t + \Delta|S_1 = t_1,\ldots,S_{i-1} = t_{i-1}, S_i > t)}{\Delta}$$
$$= \lim_{\Delta \to 0} \frac{P(t < S_i \le t + \Delta|S_1 = t_1,\ldots,S_{i-1} = t_{i-1})}{\Delta}$$
$$\times \frac{1}{P(S_i > t|S_1 = t_1,\ldots,S_{i-1} = t_{i-1})}$$
$$= \frac{p(t|t_1,\ldots,t_{i-1})}{\overline{F}(t|t_1,\ldots,t_{i-1})} \tag{5.6}$$

と求められる. ここで $p(t|t_1,\ldots,t_{i-1}) = -\frac{d}{dt}\overline{F}(t|t_1,\ldots,t_{i-1})$ を分子に代入すると

[1] イベント間隔の独立性は $p(t_i|t_{i-1})$ が直前のイベント時刻のみに依存することに含意されているので, (5.2) はリニューアル過程を定義する.

$$r(t|t_1,\ldots,t_{i-1}) = -\frac{1}{\overline{F}(t|t_1,\ldots,t_{i-1})}\frac{d\overline{F}(t|t_1,\ldots,t_{i-1})}{dt}$$

$$= -\frac{d}{dt}\log\overline{F}(t|t_1,\ldots,t_{i-1}) \qquad (5.7)$$

この両辺を初期値 $\overline{F}(t_{i-1}|t_1,\ldots,t_{i-1})=1$ の下で積分すると

$$-\log\overline{F}(t|t_1,\ldots,t_{i-1}) = \int_{t_{i-1}}^{t} r(u|t_1,\ldots,t_{i-1})du \qquad (5.8)$$

すなわち，生存関数はハザード関数を用いて

$$\overline{F}(t|t_1,\ldots,t_{i-1}) = \exp\left\{-\int_{t_{i-1}}^{t} r(u|t_1,\ldots,t_{i-1})du\right\} \qquad (5.9)$$

と書くことができる．また，これを t について微分することで，イベント時刻の密度関数はハザード関数を用いて次のように表すことができる．

$$p(t_i|t_1,\ldots,t_{i-1}) = r(t_i|t_1,\ldots,t_{i-1})$$
$$\times \exp\left\{-\int_{t_{i-1}}^{t_i} r(t|t_1,\ldots,t_{i-1})dt\right\} \qquad (5.10)$$

イベント時刻の密度関数と生存関数およびハザード関数を結ぶこれらの公式は，リニューアル過程に対して導いた公式 (3.3)–(3.7) と全く同様である．

(5.9) と (5.10) を (5.5) に代入すれば，イベント時系列全体の同時確率密度関数をハザード関数を用いて表すこともできる．そのためにイベントが起こるたびに更新されるハザード関数をまとめて 1 つの時間の関数：

$$\lambda^*(t) = \begin{cases} r(t) & (0 < t \le t_1) \\ r(t|t_1,\ldots,t_{i-1}) & (t_{i-1} < t \le t_i,\ i \ge 2) \end{cases} \qquad (5.11)$$

で表すと[2]，(5.5) は

$$p_{(0,T]}(t_1,\ldots,t_n) = \left\{\prod_{i=1}^{n}\lambda^*(t_i)\right\}\exp\left\{-\int_0^T \lambda^*(t)dt\right\} \qquad (5.12)$$

と簡潔に表される．$\lambda^*(t)$ を**条件付き強度関数**と呼ぶ（図 5.1）．

[2] イベント生成率が過去の履歴に依存するとき，'*' を上付きにして $\lambda(t)$ と区別する．

条件付き強度関数：**conditional intensity function**

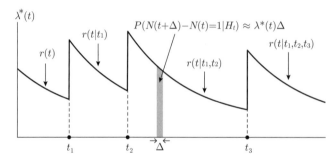

図 **5.1** 条件付き強度関数 $\lambda^*(t)$.

5.1.2 イベント生成率による定義

ここでは逆に，イベント生成率から出発して点過程を構成する．時刻 t までのイベント履歴を

$$H_t = \{N(u) : 0 \le u < t\} \tag{5.13}$$

とし，H_t が与えられた下で次の瞬間にイベントが生成する条件付き確率が，過去のイベント時刻に依存するイベント生成率 $\lambda^*(t)$ を用いて

$$P(N(t+\Delta) - N(t) = 1|H_t) = \lambda^*(t)\Delta + o(\Delta) \tag{5.14}$$

$$P(N(t+\Delta) - N(t) \ge 2|H_t) = o(\Delta) \tag{5.15}$$

で与えられるとする．非一様ポアソン過程 (第 4 章) の場合は，イベント生成率が過去のイベントによらない時間の関数 $\lambda^*(t) = \lambda(t)$ で与えられる．これを過去のイベント履歴に依存する点過程に一般化したものが (5.14) と (5.15) である．

このとき，生存関数は

$$\begin{aligned}
&\overline{F}(t + \Delta|t_1, \ldots, t_{i-1}) \\
&= P(N(t+\Delta) - N(t_{i-1}) = 0|S_1 = t_1, \ldots, S_{i-1} = t_{i-1}) \\
&= P(N(t) - N(t_{i-1}) = 0|S_1 = t_1, \ldots, S_{i-1} = t_{i-1}) \\
&\quad \times P(N(t+\Delta) - N(t) = 0|H_t) \\
&= \overline{F}(t|t_1, \ldots, t_{i-1})\{1 - \lambda^*(t)\Delta + o(\Delta)\}
\end{aligned} \tag{5.16}$$

となる．最後の式は，(5.14) と (5.15) より

$$P(N(t + \Delta) - N(t) = 0|H_t) = 1 - \lambda^*(t)\Delta + o(\Delta) \quad (5.17)$$

となることを用いた. (5.16) を整理して $\Delta \to 0$ の極限を取ると $\overline{F}(t|t_1, \ldots, t_{i-1})$ についての微分方程式が導かれる.

$$\frac{d\overline{F}(t|t_1, \ldots, t_{i-1})}{dt} = -\lambda^*(t)\overline{F}(t|t_1, \ldots, t_{i-1}) \quad (5.18)$$

これを初期値 $\overline{F}(t_{i-1}|t_1, \ldots, t_{i-1}) = 1$ の下で解くと, 生存関数は

$$\overline{F}(t|t_1, \ldots, t_{i-1}) = \exp\left\{-\int_{t_{i-1}}^t \lambda^*(u)du\right\} \quad (5.19)$$

と求められ, イベント時刻の密度関数は

$$p(t_i|t_1, \ldots, t_{i-1}) = -\frac{d\overline{F}(t_i|t_1, \ldots, t_{i-1})}{dt_i}$$
$$= \lambda^*(t_i)\exp\left\{-\int_{t_{i-1}}^{t_i} \lambda^*(t)dt\right\} \quad (5.20)$$

と求められる. イベント生成率 (5.14)–(5.15) から出発してイベント時刻の密度関数を導くことができた.

点過程はイベント時刻の密度関数またはイベント生成率を表す条件付き強度関数を与えることで定められる. 一方から他方が求められるので, これらは等価な点過程の定義である. よって, イベント時系列のモデリングはこれらの関数を与えることに帰着する. 以下では 2 つの具体的な点過程を紹介しよう.

5.1.3 非一様リニューアル過程

非一様ポアソン過程は, 単位イベント生成率の一様ポアソン過程の時間軸をイベント生成率 $\lambda(t)$ に従って伸縮することで得られた（4.2 節）. 同じ方法で時間的に非一様なリニューアル過程を構成することができる. イベント時系列 $\{t_1, t_2, \ldots\}$ を

$$\Lambda(t) = \int_0^t \lambda(u)du \quad (5.21)$$

によって変換した $\{\Lambda(t_1), \Lambda(t_2), \ldots\}$ が平均 1 のイベント間隔を持つリニューアル過程に従うとき, 元のイベント時系列 $\{t_1, t_2, \ldots\}$

を非一様リニューアル過程という．平均 1 のイベント間隔分布を $f(x)$ とすると，変数変換に伴う密度関数の変換式より，非一様リニューアル過程のイベント時刻 t_i の密度関数は

非一様リニューアル過程： inhomogeneous renewal process

$$p(t_i|t_{i-1}) = \left| \frac{d\Lambda(t_i)}{dt_i} \right| f(\Lambda(t_i) - \Lambda(t_{i-1}))$$

$$= \lambda(t_i)f(\Lambda(t_i) - \Lambda(t_{i-1})) \tag{5.22}$$

と求められる．また，条件付き強度関数は

$$\lambda^*(t) = \frac{p(t|t_{i-1})}{1 - \int_{t_{i-1}}^{t} p(u|t_{i-1})du}$$

$$= \frac{\lambda(t)f(\Lambda(t) - \Lambda(t_{i-1}))}{1 - \int_{t_{i-1}}^{t} \lambda(u)f(\Lambda(u) - \Lambda(t_{i-1}))du}$$

$$= \lambda(t)r(\Lambda(t) - \Lambda(t_{i-1})) \tag{5.23}$$

で与えられる[3]．ここで $r(x) = f(x)/\{1 - F(x)\}$ はハザード関数である．非一様リニューアル過程が単位イベント生成率の平衡リニューアル過程から作られたとして，条件付き強度関数の $\Lambda(t_{i-1})$ についての期待値を $\lambda = 1$ の平衡分布 (3.36) で取ると

[3] 2 行目から 3 行目への変形は，分母の積分変数を $x = \Lambda(u) - \Lambda(t_{i-1})$ と変換して，$dx = \lambda(u)du$ および積分区間を $[0, \Lambda(t) - \Lambda(t_{i-1})]$ とする．

$$E[\lambda^*(t)] = \lambda(t)E[r(\Lambda(t) - \Lambda(t_{i-1}))]$$

$$= \lambda(t) \int_{-\infty}^{\Lambda(t)} r(\Lambda(t) - s)f_1(\Lambda(t) - s)ds$$

$$= \lambda(t) \int_{0}^{\infty} \frac{f(x)}{1 - F(x)}[1 - F(x)]dx$$

$$= \lambda(t) \int_{0}^{\infty} f(x)dx$$

$$= \lambda(t) \tag{5.24}$$

となり $\lambda(t)$ に一致する．平衡分布は，過去のイベントについての情報を消去したイベント時刻の分布であったことを思い出そう．よって $\lambda(t)$ はイベント履歴について周辺化した平均強度関数と見なすことができ，非一様ポアソン過程のイベント生成率と同様，多数回試行にわたる平均に相当する．

具体例として，平均 1 のガンマ分布

$$f(x) = \frac{\kappa^{\kappa}x^{\kappa-1}e^{-\kappa x}}{\Gamma(\kappa)} \tag{5.25}$$

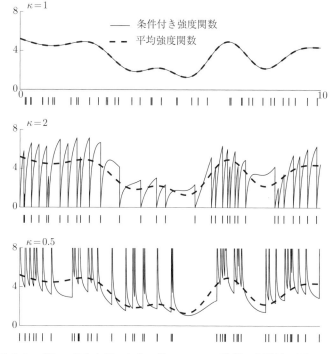

図 **5.2** ガンマ分布を用いた非一様ニューアル過程の実現例. (a) $\kappa = 1$
（非一様ポアソン過程）(b) $\kappa = 2$ (c) $\kappa = 0.5$.

を用いると，関数 (5.22) と条件付き強度関数 (5.23) はそれぞれ

$$p(t|t_{i-1}) = \frac{\lambda(t)\kappa^{\kappa}x^{\kappa-1}e^{-\kappa x}}{\Gamma(\kappa)} \tag{5.26}$$

$$\lambda^*(t) = \frac{\lambda(t)\kappa^{\kappa}x^{\kappa-1}e^{-\kappa x}}{\Gamma(\kappa x, \kappa)} \tag{5.27}$$

と求められる．ここで $x = \Lambda(t) - \Lambda(t_{i-1})$ とおいた．このモデル
の実現例を図 5.2 に示す．3 つの例は $\lambda(t)$ が共通なので，イベン
ト生成率の平均的な傾向は同じである．一方，シェイプパラメー
タ κ で個々のイベント生成パターンが特徴付けられる．$\kappa = 1$ は
非一様ポアソン過程に対応する[4]．ポアソン過程は過去のイベン
トに依存しないため，条件付き強度関数と平均強度関数は一致す
る（上図）．$\kappa > 1$ のとき，条件付き強度関数はイベントが発生す
るたびに 0 にリセットされる（中図）．これはガンマ分布に対する
ハザード関数の特徴だ（3.2.1 項）．このため $\kappa = 1$ に比べて規則

[4] $\kappa = 1$ のとき
(5.25) は指数分布に
なる.

的なイベント時系列になる. $\kappa < 1$ のときは, イベント発生直後
に条件付き強度関数は増加する (下図). イベントが起こった直後
にさらに起こりやすくなるので, バースト的なイベント時系列に
なる. このように, 非一様リニューアル過程を用いると, リニュー
アル過程によるイベント生成パターンの特徴を備えたまま時間的
に非一様なイベント時系列を実現できる.

5.1.4 ホークス過程

ホークス過程はイベントの続発性や誘発作用を持つ代表的な点
過程のモデルである [5,6]. ホークス過程の条件付き強度関数は

ホークス過程:
Hawkes process

$$\lambda^*(t) = \mu + \sum_{t_i < t} g(t - t_i) \tag{5.28}$$

で与えられる. 右辺の μ はベースラインのイベント生成率を表し,
$g(t - t_i)$ は過去の時点 $t_i (< t)$ に発生したイベントの現時点 t にお
ける影響を表すカーネル関数である. 因果性を満たすために $t \leq 0$
に対して $g(t) = 0$ である[5]. また, (5.28) 全体が非負であること
を保証するために非負値関数 $g(t) \geq 0$ とする. したがって, イ
ベントが発生すると強度関数が増加し, さらなるイベントが誘発さ
れる. このような効果が過去のすべてのイベントについて足し合
わされるのがホークス過程の特徴である.

条件付き強度関数は単位時間当たりのイベント頻度を表すので,
カーネル関数を積分した

[5] 過去に起こったイ
ベントの影響を受け
るが, 未来に起こるイ
ベントの影響は受け
ない.

$$\alpha = \int_0^\infty g(t) dt \tag{5.29}$$

は, 1つのイベントが引き起こす平均イベント数と解釈できる. こ
の値を**分枝比**または**再生産数**と呼ぶ. この値が 1 より大きいとイ
ベント発生件数は指数関数的に増大する.

分枝比: branching
ratio
再生産数: reproduc-
tion number

分枝比 α を用いてカーネル関数を

$$g(t) = \alpha \phi(t) \tag{5.30}$$

と表すと, $\phi(t)$ は

$$\int_0^\infty \phi(t) dt = 1 \tag{5.31}$$

と正規化され, イベントが引き起こされるまでの経過時間の分布

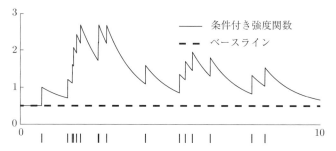

図 **5.3** ホークス過程の実現例. パラメータ値は $\mu = 0.5$, $\alpha = 0.5$, $\beta = 1$.

と見なすことができる. α と $\phi(t)$ の意味付けについては 5.2.3 項で詳しく論じる.

図 5.3 は, カーネル関数に指数分布

$$\phi(t) = \beta e^{-\beta t} \quad (t > 0) \tag{5.32}$$

を用いたホークス過程の実現例である. イベントが生成されるたびに条件付き強度関数が増加し, さらなるイベントが誘発される様子を見て取ることができる. その結果, イベントが塊となって発生するバースト的な時系列が実現する.

ホークス過程には様々な拡張がある. 元のホークス過程 (5.28) のベースラインは時間によらない定数で与えられたが, これを時間の関数 $\mu(t)$ で与えると**非一様ホークス過程**になる.

非一様ホークス過程：
**inhomogenous
Hawkes process**

$$\lambda^*(t) = \mu(t) + \sum_{t_i < t} g(t - t_i) \tag{5.33}$$

また, (5.33) を非負値関数 $\Phi(\cdot)$ の中に入れて

$$\lambda^*(t) = \Phi \left(\mu(t) + \sum_{t_i < t} g(t - t_i) \right) \tag{5.34}$$

という条件付き強度関数を考えることができる. 指数関数 $\Phi(x) = \exp(x)$ やランプ関数 $\Phi(x) = \max(0, x)$ がよく用いられる. $\Phi(\cdot)$ は一般に非線形関数なので, (5.34) を条件付き強度関数に持つ点過程を**非線形ホークス過程**と呼ぶ. $\Phi(\cdot)$ は非負値関数なので, この中の値が負になっても条件付き強度関数の非負性は保たれる.

非線形ホークス過程：
**nonlinear Hawkes
process**

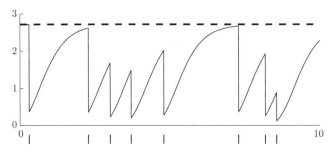

図 5.4 非線型ホークス過程 (5.35) の実現例. パラメータ値は $\mu = 1$, $\alpha = 2$, $\beta = 2$.

したがって，このモデルには負の値を取るカーネル関数 $g(t)$ を用いることができる．カーネル関数が負の値を取ると強度の値を下げるので，イベントが起こるのを抑制する効果を持たせることができる．例えば，次の条件付き強度関数を持つ点過程を考えよう.

$$\lambda^*(t) = \exp\left(\mu - \alpha \sum_{t_i < t} e^{-\beta(t-t_i)}\right) \quad (5.35)$$

カーネル関数のパラメータは $\alpha > 0, \beta > 0$ とする．このモデルでは，イベントが起こった直後に強度関数が減少し，続くイベントの生成が抑制される（図 5.4）．このような効果は，神経活動の不応期などのモデリングに用いることができる.

5.2　マーク付き点過程

　これまではイベントが起こる時刻だけを考えたが，イベントに伴う情報をモデルに含めたい場合がある．例えば，地震のマグニチュードであったり，消費者の購買行動をイベントとすると購入した商品の種類や価格などが付属する情報である．このような情報を含めて時系列をモデル化するためには，これまでの点過程を拡張する必要がある．ここでは，イベントに伴う情報（マークという）を含めた**マーク付き点過程**を導入する.

マーク付き点過程：
marked point process

5.2.1　確率密度関数と条件付き強度関数

　マークを表す変数を $z \in \mathcal{Z}$ とする[6]．$\mathcal{Z}$ はマークの取り得る範

[6] 確率変数を表す場合は Z(大文字) とする.

囲を表す．以下ではマークを連続変数とするが，離散変数の場合は $\int_{\mathcal{Z}} dz$ を $\sum_{z \in \mathcal{Z}}$ に置き換えればよい．i 番目のイベントに伴うマークを z_i とし，イベント時刻とマークを合わせて $\boldsymbol{x}_i = (t_i, z_i)$ とする．

5.1.1 項と同様にイベントの密度関数から出発して点過程を構成しよう．ただし，ここではイベント時刻とマークの同時確率密度関数を考えることになる．$i-1$ 番目までのイベントとマークが与えられた下での i 番目のイベントとマーク $\boldsymbol{x}_i$ の同時確率密度関数が与えられているとする．

$$p(\boldsymbol{x}_i|\boldsymbol{x}_1,\ldots,\boldsymbol{x}_{i-1}) = \lim_{\Delta_t \to 0} \lim_{\Delta_z \to 0}$$
$$\frac{P(t_i < S_i \le t_i + \Delta_t, z_i < Z_i \le z_i + \Delta_z)|(S_1, Z_1) = \boldsymbol{x}_1, \ldots, (S_{i-1}, Z_{i-1}) = \boldsymbol{x}_{i-1})}{\Delta_t \Delta_z}$$
$$(5.36)$$

ここで，右辺の分子に現れるイベント時刻とマークの同時確率をイベント時刻の確率と，イベントが起こったときのマークの条件付確率の積で表すと，(5.36) は

$$p(\boldsymbol{x}_i|\boldsymbol{x}_1,\ldots,\boldsymbol{x}_{i-1})$$
$$= \lim_{\Delta_t \to 0} \lim_{\Delta_z \to 0} \frac{P(t_i < S_i \le t_i + \Delta_t|(S_1, Z_1) = \boldsymbol{x}_1, \ldots, (S_{i-1}, Z_{i-1}) = \boldsymbol{x}_{i-1})}{\Delta_t}$$
$$\times \frac{P(z_i < Z_i \le z_i + \Delta_z|(S_1, Z_1) = \boldsymbol{x}_1, \ldots, (S_{i-1}, Z_{i-1}) = \boldsymbol{x}_{i-1}, \ t_i < S_i \le t_i + \Delta_t)}{\Delta_z}$$
$$= p(t_i|\boldsymbol{x}_1,\ldots,\boldsymbol{x}_{i-1})f(z_i|\boldsymbol{x}_1,\ldots,\boldsymbol{x}_{i-1},t_i) \qquad (5.37)$$

となり，イベント時刻の密度関数と，イベント時刻が与えられた下でのマークの条件付き確率密度関数の積で表される．

生存関数は (5.4) と同様にしてイベント時刻の密度関数から

$$\overline{F}(t|\boldsymbol{x}_1,\ldots,\boldsymbol{x}_{i-1}) = 1 - \int_{t_{i-1}}^{t} p(u|\boldsymbol{x}_1,\ldots,\boldsymbol{x}_{i-1})du \qquad (5.38)$$

と求められる．また，時間区間 $(0, T]$ におけるイベント時系列 $\{\boldsymbol{x}_1,\ldots,\boldsymbol{x}_n\}$ の同時確率密度関数は，(5.37) と (5.38) を用いて

$$p_{(0,T]}(\boldsymbol{x}_1,\ldots,\boldsymbol{x}_n) = p(\boldsymbol{x}_1)\left\{\prod_{i=2}^{n} p(\boldsymbol{x}_i|\boldsymbol{x}_1,\ldots,\boldsymbol{x}_{i-1})\right\}$$
$$\times \overline{F}(T|\boldsymbol{x}_1,\ldots,\boldsymbol{x}_n) \qquad (5.39)$$

で与えられる.

ハザード関数はイベント時刻の密度関数と生存関数を用いて

$$r(t|\boldsymbol{x}_1,\ldots,\boldsymbol{x}_{i-1}) = \frac{p(t|\boldsymbol{x}_1,\ldots,\boldsymbol{x}_{i-1})}{\overline{F}(t|\boldsymbol{x}_1,\ldots,\boldsymbol{x}_{i-1})} \qquad (5.40)$$

で与えられるが,(5.9) および (5.10) と同様にして,生存関数と
イベント時刻の密度関数はハザード関数を用いてそれぞれ

$$\overline{F}(t|\boldsymbol{x}_1,\ldots,\boldsymbol{x}_{i-1}) = \exp\left\{-\int_{t_{i-1}}^{t} r(u|\boldsymbol{x}_1,\ldots,\boldsymbol{x}_{i-1})du\right\}$$
$$(5.41)$$

$$p(t_i|\boldsymbol{x}_1,\ldots,\boldsymbol{x}_{i-1}) = r(t_i|\boldsymbol{x}_1,\ldots,\boldsymbol{x}_{i-1})$$
$$\times \exp\left\{-\int_{t_{i-1}}^{t_i} r(u|\boldsymbol{x}_1,\ldots,\boldsymbol{x}_{i-1})du\right\}$$
$$(5.42)$$

と表すことができる.これらを (5.39) に代入すれば,イベント時
系列の同時確率密度関数をハザード関数を用いて表すことができ
る.そのために,(5.11) と同様にハザード関数をまとめて

$$\lambda^*(t) = \begin{cases} r(t) & (0 < t \le t_1) \\ r(t|\boldsymbol{x}_1,\ldots,\boldsymbol{x}_{i-1}) & (t_{i-1} < t \le t_i,\ i \ge 2) \end{cases} \qquad (5.43)$$

とし,またマークの条件付き確率密度関数をまとめて

$$f^*(z|t) = \begin{cases} f(z|t) & (0 < t \le t_1) \\ f(z|\boldsymbol{x}_1,\ldots,\boldsymbol{x}_{i-1},t) & (t_{i-1} < t \le t_i,\ i \ge 2) \end{cases}$$
$$(5.44)$$

とすると,イベント時系列の同時確率密度関数 (5.39) は

$$p_{(0,T]}(\boldsymbol{x}_1,\ldots,\boldsymbol{x}_n)$$
$$= \left\{\prod_{i=1}^{n}\lambda^*(t_i)f^*(z_i|t_i)\right\}\exp\left\{-\int_0^T \lambda^*(t)dt\right\} \qquad (5.45)$$

と書き表される.これは,マーク付き点過程が $\lambda^*(t)$ と $f^*(z|t)$ で
定められることを表している.イベント時刻だけの系列 $\{t_i : i = 1, 2, \ldots\}$ もしくは対応する計数過程 $\{N(t) : t \ge 0\}$ を基底過程と

基底過程:ground process

いう．基底過程は $\lambda^*(t)$ を条件付き強度関数に持つ点過程である．

また，(5.43) と (5.44) を掛け合わせたものを

$$\lambda^*(t,z) = \lambda^*(t)f^*(z|t) \tag{5.46}$$

とすると，イベント時系列の同時確率密度関数 (5.45) は

$$
\begin{aligned}
&p_{(0,T]}(\boldsymbol{x}_1,\ldots,\boldsymbol{x}_n)\\
&= \left\{\prod_{i=1}^n \lambda^*(t_i,z_i)\right\}\exp\left\{-\int_0^T\int_{\mathcal{Z}}\lambda^*(t,z)dtdz\right\}
\end{aligned} \tag{5.47}
$$

と書くことができる．マーク付き点過程は，イベント時刻とマークを合わせた条件付き強度関数 $\lambda^*(t,z)$ を与えることでも定められる．このとき，基底過程の条件付き強度関数とマークの条件付き確率密度関数はそれぞれ

$$\lambda^*(t) = \int_{\mathcal{Z}}\lambda^*(t,z)dz \tag{5.48}$$

および

$$f^*(z|t) = \frac{\lambda^*(t,z)}{\int_{\mathcal{Z}}\lambda^*(t,z)dz} \tag{5.49}$$

で与えられる．

イベントごとに影響力の異なるホークス過程　ホークス過程では，すべてのイベントの影響力は一定で，その大きさは (5.29) の分枝比 α で与えられたが，マーク付き点過程を用いるとイベントごとに影響力の異なるホークス過程を実現することができる．最も簡単なモデルは，分枝比 α がイベント履歴 H_t とは独立で，独立同一分布 $f(\alpha)$ に従う場合である．このとき，マーク付き点過程の条件付き強度関数は

$$\lambda^*(t,\alpha) = \left\{\mu + \sum_{t_i<t}\alpha_i\phi(t-t_i)\right\}f(\alpha) \tag{5.50}$$

で与えられる．図 5.5 はパレート分布[7]

$$f(\alpha) = \begin{cases} \frac{\gamma-1}{\alpha_{\min}}\left(\frac{\alpha}{\alpha_{\min}}\right)^{-\gamma}, & (\alpha \geq \alpha_{\min})\\ 0, & (\alpha < \alpha_{\min})\end{cases} \tag{5.51}$$

[7] ベキ分布のひとつであり，裾が重く大きな値がある程度の確率で発生する．

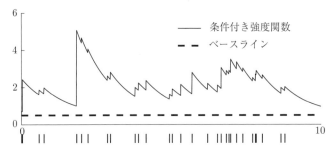

図 **5.5** イベントごとに影響力の異なるホークス過程のシミュレーション. パレート分布 (5.51) のパラメータは $\alpha_{\min} = 0.2, \gamma = 2.5$.

をマークの分布に用いた実現例である. イベントごとに引き起こされる強度の増分が異なっている様子がわかる.

複数のイベントが同時発生する点過程　これまで考えてきた点過程は, (5.15) で課された条件により複数のイベントが同時刻に発生することはなかったが, 同時に起こるイベント数をマークで表すことでそれを実現することができる. $\{N(t) : t \geq 0\}$ をイベント発生時刻を表す基底過程とし, $z_i \in \{1, 2, \ldots\}$ を同時発生件数を表すマークとすると, 時刻 t までに起こるイベント数は

$$Y(t) = \sum_{i=1}^{N(t)} z_i \tag{5.52}$$

で与えられる. 図 5.6 は, 基底過程をイベント生成率 $\lambda^*(t) = \lambda$ の一様ポアソン過程とし, 同時発生件数を独立同一な対数分布[8]

[8] logarithmic distribution. パラメータは $0 < \theta < 1$ を満たす.

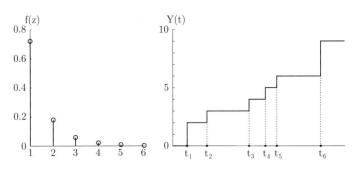

図 **5.6** 左：対数分布 ($\theta = 0.5$). 右：イベント数 $Y(t)$. ジャンプ幅は同時発生件数に対応する.

$$f(z) = -\frac{\theta^z}{z \log(1-\theta)}, \quad (z = 1, 2, \ldots) \tag{5.53}$$

で与えたマーク付き点過程の実現例である.

5.2.2 多次元点過程

複数の点過程が互いに影響を及ぼし合う場合を考える. K 種の点過程を考え, k 番目の点過程を $\{N_k(t) : t \geq 0\}$ とし, 対応するイベント時刻を t_i^k $(i = 1, 2, \ldots)$ とする. また, 時刻 t までに発生した k 番目の点過程のイベント履歴 (5.13) を H_t^k として, K 種すべてのイベント履歴を合わせたものを

$$H_t = \{H_t^1, \ldots, H_t^K\} \tag{5.54}$$

とする. k 番目の点過程を定める条件付き強度関数が H_t に条件付けられる形で与えられるとする.

$$\lambda^*(t, k) = \lim_{\Delta \to 0} \frac{P(N_k(t + \Delta) - N_k(t) = 1 | H_t)}{\Delta} \tag{5.55}$$

H_t はすべての点過程の過去の履歴を含むので, $\lambda^*(t, k)$ の中に自分自身と他の点過程からの影響が集約される. さらに複数の点過程が同時刻にイベントを生成することはないとする. この条件は, すべての点過程を重ね合わせた

$$N(t) = \sum_{k=1}^{K} N_k(t) \tag{5.56}$$

を用いて

$$P(N(t + \Delta) - N(t) \geq 2 | H_t) = o(\Delta) \tag{5.57}$$

と表される. K 種の点過程をまとめた $\boldsymbol{N}(t) = (N_1(t), \ldots, N_K(t))$ を**多次元点過程**という.

多次元点過程：multi-dimensional point process

多次元点過程はマーク付き点過程と見なせることを示そう. K 種の点過程を重ね合わせた (5.56) を 1 つの点過程と見なすと, (5.57) より 2 つ以上のイベントが同時刻に起こることはないので, すべてのイベントを $t_1 < t_2 < \cdots$ と発生順に並べることができる. イベント t_i を生成した点過程の番号を $k_i \in \{1, \ldots, K\}$ として t_i に伴うマークとすると, $\{(t_i, k_i) : i = 1, 2, \ldots\}$ はマーク付き点

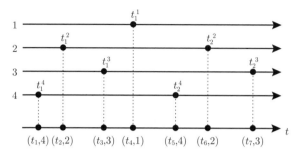

図 5.7 多次元 ($K = 4$) 点過程（上）と対応するマーク付き点過程（下）.

過程になり（図 5.7），$\lambda^*(t, k)$ はマーク付き点過程の条件付き強度関数に対応する．したがって，基底過程の条件付き強度関数とマークの条件付き確率分布は (5.48) と (5.49) より

$$\lambda^*(t) = \sum_{k'=1}^{K} \lambda^*(t, k') \tag{5.58}$$

および

$$f^*(k|t) = \frac{\lambda^*(t, k)}{\sum_{k'=1}^{K} \lambda^*(t, k')} \tag{5.59}$$

で与えられる.

任意の時間区間における多次元点過程の同時確率密度関数は，マーク付き点過程の同時確率密度関数から直接導くことができる．時間区間 $(0, T]$ に k 番目の点過程は n_k 個のイベント $\{t_1^k, \ldots, t_{n_k}^k\}$ を生成したとする．これをイベント総数 $n = \sum_{k=1}^{K} n_k$ のマーク付き点過程 $\{(t_i, k_i) : i = 1, \ldots, n\}$ と見なすと，同時確率密度関数は (5.45) より

$$\begin{aligned}
&p_{(0,T]}(t_1^1, \ldots, t_{n_1}^1, \ldots, t_1^K, \ldots, t_{n_K}^K) \\
&= p_{(0,T]}(t_1, \ldots, t_n, k_1, \ldots, k_n) \\
&= \left\{ \prod_{i=1}^{n} \lambda^*(t_i, k_i) \right\} \exp\left\{ -\int_0^T \sum_{k=1}^{K} \lambda^*(t, k) dt \right\} \\
&= \left[\prod_{k=1}^{K} \left\{ \prod_{i=1}^{n_k} \lambda^*(t_i^k, k) \right\} \right] \exp\left\{ -\int_0^T \sum_{k=1}^{K} \lambda^*(t, k) dt \right\} \\
&= \prod_{k=1}^{K} \left[\left\{ \prod_{i=1}^{n_k} \lambda^*(t_i^k, k) \right\} \exp\left\{ -\int_0^T \lambda^*(t, k) dt \right\} \right] \tag{5.60}
\end{aligned}$$

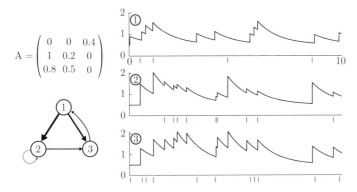

図 **5.8** 3 次元ホークス過程の実現例. 左：重み付き隣接行列とそのグラフ表現. 右：各々のホークス過程の条件付き強度関数とイベント時系列. ①が起こると②は起こりやすくなり ($a_{21} = 1$), ③も起こりやすくなる ($a_{31} = 0.8$). 逆に②が起こっても①が起こりやすくなるということはなく ($a_{12} = 0$), ③が起こると①は少し起こりやすくなる ($a_{13} = 0.4$).

と求められる. 各々の点過程に対する同時確率密度関数の積になっていることに着目しよう.

多次元ホークス過程 多次元ホークス過程の条件付き強度関数は, $k = 1, \ldots, K$ に対して

$$\lambda^*(t, k) = \mu_k + \sum_{j=1}^{K} a_{kj} \sum_{t_i^j < t} \phi(t - t_i^j) \tag{5.61}$$

で与えられる. ここで a_{kj} は j 番目のホークス過程から k 番目のホークス過程への影響の強さを表す. a_{kj} を k 行 j 列目の要素とする行列 $A = (a_{kj})$ は重み付き隣接行列と呼ばれる. 図 5.8 に多次元ホークス過程の実現例を示す.

t_i を i 番目のイベント時刻とし, $k_i \in \{1, \ldots, K\}$ を i 番目のイベントを生成したホークス過程の番号（マーク）として, 多次元ホークス過程をマーク付き点過程で表すと, 条件付き強度関数は

$$\lambda^*(t, k) = \mu_k + \sum_{t_i < t} a_{kk_i} \phi(t - t_i) \tag{5.62}$$

と表されるので, 基底過程の条件付き強度関数は (5.58) より

$$\lambda^*(t) = \mu + \sum_{t_i < t} a_{k_i} \phi(t - t_i) \tag{5.63}$$

で与えられる. ここで $\mu = \sum_{k=1}^{K} \mu_k$, および $a_{k_i} = \sum_{k=1}^{K} a_{k k_i}$ とおいた. また, マークの条件付き確率分布は (5.59) より

$$f^*(k|t) = \frac{\mu_k + \sum_{t_i < t} a_{k k_i} \phi(t - t_i)}{\mu + \sum_{t_i < t} a_{k_i} \phi(t - t_i)} \tag{5.64}$$

となる.

5.2.3 ホークス過程の分枝構造

ホークス過程から生成されるイベントに対してそれを引き起こした "親イベント" を割り当てることで, イベント間の親子関係からなる分枝構造を付け加えることができる. マーク付き点過程の最後の応用例としてこれを紹介しよう.

i 番目のイベントを引き起こした親イベントの番号を $z_i \in \{0, 1, \ldots, i - 1\}$ とする. $z_i = 0$ の場合は親イベントを持たないとする. このとき, イベント時刻と親イベントの番号を合わせた時系列 $\{(t_i, z_i) : i = 1, 2, \ldots\}$ はマーク付き点過程と見なせる. この時系列は以下のルールに従って生成されるとする.

(a) 親を持たないイベント $\{(t_i, z_i) : z_i = 0\}$ は生成率 μ の一様ポアソン過程に従って生成される.

(b) $j\, (\geq 1)$ 番目のイベントを親に持つイベント $\{(t_i, z_i) : z_i = j\}$ は生成率 $g(t_i - t_j)$ の非一様ポアソン過程に従って生成される.

このようにして生成されたイベントの親子関係をつなげていくと, 親を持たないイベントを祖先とする系統樹を描くことができる (図 5.9 上).

イベント時系列全体は (a) と (b) の重ね合わせで与えられるとすると, 時間区間 $(0, T]$ における時系列 $\{(t_i, z_i) : i = 1, \ldots, n\}$ の同時確率密度関数は

$$\begin{aligned} p_{(0,T]}(t_1, \ldots, t_n, z_1, \ldots, z_n) &= p_{(0,T]}(\{(t_i, z_i) : z_i = 0\}) \\ &\quad \times \prod_{j=1}^{n} p_{(t_j, T]}(\{(t_i, z_i) : z_i = j\}) \end{aligned} \tag{5.65}$$

で与えられる. ここで

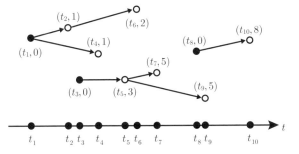

図 **5.9** 上：イベントの系統樹．黒丸と白丸はそれぞれ親を持たないイベント (a) と子イベント (b) を表し，矢印は親子関係を表す．下：イベント発生時刻だけを見るとホークス過程になる．

$$p_{(0,T]}(\{(t_i, z_i) : z_i = 0\}) = \left\{\prod_{i:z_i=0} \mu\right\} e^{-\mu T} \qquad (5.66)$$

および

$$p_{(t_j, T]}(\{(t_i, z_i) : z_i = j\}) = \left\{\prod_{i:z_i=j} g(t_i - t_j)\right\}$$
$$\times \exp\left\{-\int_{t_j}^{T} g(t - t_j)dt\right\} \qquad (5.67)$$

はそれぞれ (a) と (b) の寄与を表す．(5.66) と (5.67) を (5.65) に代入して整理すると，$\{(t_i, z_i) : i = 1, \ldots, n\}$ の同時確率密度関数は

$$p_{(0,T]}(t_1, \ldots, t_n, z_1, \ldots, z_n)$$
$$= \left\{\prod_{i=1}^{n} \lambda^*(t_i, z_i)\right\} \exp\left\{-\mu T - \sum_{j=1}^{n} \int_{t_j}^{T} g(t - t_j)dt\right\} \qquad (5.68)$$

と求められる．ここで

$$\lambda^*(t_i, z_i) = \begin{cases} \mu, & (z_i = 0) \\ g(t_i - t_{z_i}), & (1 \leq z_i \leq i - 1) \end{cases} \qquad (5.69)$$

とおいた．

(5.68) はイベント時刻 $\{t_1, \ldots, t_n\}$ と親イベント $\{z_1, \ldots, z_n\}$ の両方の情報を含むが，データとしてイベント時刻だけが与えら

れた場合，すべての親の候補についての確率を足し合わせる周辺
化を行う必要がある．

$$p_{(0,T]}(t_1,\ldots,t_n)$$

$$= \sum_{z_1=0}^{0} \sum_{z_2=0}^{1} \cdots \sum_{z_n=0}^{n-1} p_{(0,T]}(t_1,\ldots,t_n,z_1,\ldots,z_n)$$

$$= \left\{ \prod_{i=1}^{n} \sum_{z_i=0}^{i-1} \lambda^*(t_i,z_i) \right\} \exp\left\{ -\mu T - \sum_{j=1}^{n} \int_{t_j}^{T} g(t-t_j)dt \right\}$$

$$= \prod_{i=1}^{n} \left\{ \mu + \sum_{j=1}^{i-1} g(t_i-t_j) \right\} \exp\left\{ -\mu T - \sum_{j=1}^{n} \int_{t_j}^{T} g(t-t_j)dt \right\}$$

$$(5.70)$$

こうして得られたイベント時刻だけの同時確率密度関数 (5.70) が
ホークス過程のそれに一致することは，条件付き強度関数 (5.28)
を点過程の同時確率密度関数 (5.12) に代入して得られるものと比
べることで確かめられる．

　各々のイベントは生成率 μ で自発的に起こるか（(a) のイベン
ト），過去に発生したイベントに引き起こされるか（(b) のイベン
ト）のどちらかで，イベント時系列全体は，自発的に発生したイ
ベントを先祖とした親子関係でつながるイベント群（クラスター）
の集まりである（図 5.9 上）．ホークス過程は，このような生成過
程のイベント発生時刻だけを観測したもの（図 5.9 下）と解釈す
ることができる．また，(b) より，j 番目のイベントは時刻 t_j を
起点に生成率 $g(t-t_j)$ $(t>t_j)$ の非一様ポアソン過程に従って
子イベントを生成するので，カーネル関数の積分値（分枝比/再生
産数）

$$\alpha = \int_{t_j}^{\infty} g(t-t_j)dt = \int_{0}^{\infty} g(t)dt \qquad (5.71)$$

は 1 つのイベントが引き起こす子イベント数の平均値になり，正
規化されたカーネル関数

$$\phi(t) = g(t)/\alpha \qquad (5.72)$$

は子イベントが引き起こされるまでの経過時間の分布になること
がわかる．

なお，イベント発生時刻と親イベントを合わせた時系列 $\{(t_i, z_i) : i = 1, 2, \ldots\}$ は，(5.69) を条件付き強度関数とするマーク付き点過程なので，(5.49) よりイベント発生時刻を観測したときの親（マーク）の条件付き確率は

$$
\begin{aligned}
f^*(z_i|t_i) &= \frac{\lambda^*(t_i, z_i)}{\sum_{z_i=0}^{i-1} \lambda^*(t_i, z_i)} \\
&= \begin{cases} \frac{\mu}{\mu+\sum_{j=1}^{i-1} g(t_i-t_j)}, & (z_i = 0) \\ \frac{g(t_i-t_{z_i})}{\mu+\sum_{j=1}^{i-1} g(t_i-t_j)}, & (1 \le z_i \le i-1) \end{cases}
\end{aligned}
\tag{5.73}
$$

と求められる．この条件付き確率に基づいて，イベント発生時刻だけがデータとして得られているとき，それを引き起こした親イベントを推測することができる[9]．

[9] 具体的なアルゴリズムは，例えば [22] で提案されている．

5.3 時間伸縮理論

非一様ポアソン過程は一様ポアソン過程の時間軸を伸縮することで得られた（4.2 節）．この逆の操作を施すことで非一様ポアソン過程を一様ポアソン過程に変換することができる．ここでは，この変換を一般の点過程に拡張する．

5.3.1 非一様ポアソン過程

まず，非一様ポアソン過程に対する時間伸縮について改めて見ていこう．イベント生成率 $\lambda(t)$ を持つ非一様ポアソン過程に対して，$\lambda(t)$ を時刻 t まで積分した

$$
\Lambda(t) = \int_0^t \lambda(u)du
\tag{5.74}
$$

を用いて時間を $s = \Lambda(t)$ と変換する．この変換によって時間区間 $(0, T]$ のイベント時系列 $\{t_1, \ldots, t_n\}$ は，時間区間 $(0, \Lambda(T)]$ のイベント時系列 $\{s_1, \ldots, s_n\}$ に変換される．この変換に伴い同時確率密度関数は

$$
p_{(0,\Lambda(T)]}(s_1, \ldots, s_n) = p_{(0,T]}(t_1, \ldots, t_n)|J|^{-1}
\tag{5.75}
$$

に変換される．ここで

$$|J| = \det \begin{pmatrix} \frac{\partial s_1}{\partial t_1} & \cdots & \frac{\partial s_1}{\partial t_n} \\ \vdots & \ddots & \vdots \\ \frac{\partial s_n}{\partial t_1} & \cdots & \frac{\partial s_n}{\partial t_n} \end{pmatrix} \tag{5.76}$$

はヤコビ行列式である．(5.74) より $s_i = \Lambda(t_i)$ は t_j $(j \neq i)$ に依存しないのでヤコビ行列の非対角成分は 0 となり，行列式は対角成分の積で与えられる．

$$|J| = \prod_{i=1}^{n} \frac{\partial s_i}{\partial t_i} = \prod_{i=1}^{n} \lambda(t_i) \tag{5.77}$$

これと非一様ポアソン過程の同時確率密度関数 (4.16) を (5.75) に代入すると，$\{s_1, \ldots, s_n\}$ の同時確率密度関数は

$$p_{(0, \Lambda(T)]}(s_1, \ldots, s_n) = e^{-\Lambda(T)} \tag{5.78}$$

と求められる．これは時間区間 $(0, \Lambda(T)]$ におけるイベント生成率 $\lambda = 1$ の一様ポアソン過程の同時確率密度関数である．つまり，イベント生成率 $\lambda(t)$ を持つ非一様ポアソン過程の時間 t を $s = \Lambda(t)$ に変換すると，単位イベント生成率の一様ポアソン過程になることが示された．また，この逆をたどって一様ポアソン過程の時間 s を t に逆変換すると，イベント生成率 $\lambda(t)$ の非一様ポアソン過程になる．

5.3.2 一般の点過程

非一様ポアソン過程に対する時間伸縮を条件付き強度関数 $\lambda^*(t)$ を持つ点過程に一般化する．この場合は (5.74) の代わりに条件付き強度関数を積分した

$$\Lambda^*(t) = \int_0^t \lambda^*(u) du \tag{5.79}$$

を用いて時間を t から $s = \Lambda^*(t)$ に変換すればよい．この変換の下で，時間区間 $(0, T]$ のイベント時系列 $\{t_1, \ldots, t_n\}$ の同時確率密度関数は，時間区間 $(0, \Lambda^*(T)]$ のイベント時系列 $\{s_1, \ldots, s_n\}$ の同時確率密度関数

$$p_{(0, \Lambda^*(T)]}(s_1, \ldots, s_n) = p_{(0, T]}(t_1, \ldots, t_n)|J|^{-1} \tag{5.80}$$

に変換される．ただし，$s_i = \Lambda^*(t_i)$ は t_j $(j > i)$ に依存しないの

で $\partial s_i/\partial t_j = 0 \; (j > i)$ となる．したがって，ヤコビ行列 J は下三角行列になり，行列式は対角成分の積で与えられる．

$$|J| = \prod_{i=1}^{n} \frac{\partial s_i}{\partial t_i} = \prod_{i=1}^{n} \lambda^*(t_i) \qquad (5.81)$$

これと (5.12) を (5.80) に代入すると，非一様ポアソン過程の時間伸縮と同様に，単位イベント生成率を持つ一様ポアソン過程の同時確率密度関数が導かれる．逆に一様ポアソン過程の時間 s を t に逆変換すると，条件付き強度関数 $\lambda^*(t)$ を持つ点過程になる．

5.3.3 マーク付き点過程

マーク付き点過程に対しては，基底過程の条件付き強度関数 $\lambda^*(t)$ を用いた

$$\Lambda^*(t) = \int_0^t \lambda^*(u)du \qquad (5.82)$$

により時間を $s = \Lambda^*(t)$ と変換する．一般の点過程の場合と全く同様に，$s_i = \Lambda^*(t_i)$ は $t_j \; (j > i)$ に依存しないので，ヤコビ行列は下三角行列となり，行列式は対角成分の積で与えられる．これとマーク付き点過程の同時確率密度関数 (5.45) を用いると，変換されたイベント時刻とマーク $\boldsymbol{y}_i = (s_i, z_i) \; (i = 1, \ldots, n)$ の同時確率密度関数は

$$p_{(0, \Lambda^*(T)]}(\boldsymbol{y}_1, \ldots, \boldsymbol{y}_n) = p_{(0,T]}(\boldsymbol{x}_1, \ldots, \boldsymbol{x}_n)|J|^{-1}$$
$$= \left\{ \prod_{i=1}^{n} f^*(z_i|t_i) \right\} e^{-\Lambda^*(T)} \qquad (5.83)$$

となり，基底過程が単位イベント生成率の一様ポアソン過程に変換される．

5.3.4 多次元点過程

多次元点過程に対しては

$$\Lambda_k^*(t) = \int_0^t \lambda^*(u, k)du \quad (k = 1, \ldots, K)$$

を用いて，各々の点過程の時間を $s = \Lambda_k^*(t) \; (k = 1, \ldots, K)$ と変換する．k 番目の点過程のイベント時刻 $s_i^k = \Lambda_k^*(t_i^k) \; (i = 1, \ldots, n_k)$ は未来のイベント時刻には依存しないのでヤコビ行列は下三角行

列になり，行列式は

$$|J| = \prod_{k=1}^{K} \prod_{i=1}^{n_k} \lambda^*(t_i^k, k)$$

で与えられる．これと多次元点過程の同時確率密度関数 (5.60) を
用いると，変換されたイベント時系列の同時確率密度関数は

$$
\begin{aligned}
&p(s_1^1, \ldots, s_{n_1}^1, \ldots, s_1^K, \ldots, s_{n_K}^K) \\
&= p_{(0,T]}(t_1^1, \ldots, t_{n_1}^1, \ldots, t_1^K, \ldots, t_{n_K}^K)|J|^{-1} \\
&= \prod_{k=1}^{K} p_{(0,\Lambda_k^*(T)]}(s_1^k, \ldots, s_{n_k}^k) \\
&= \prod_{k=1}^{K} e^{-\Lambda_k^*(T)}
\end{aligned}
\tag{5.84}
$$

となり，K 種の互いに独立な単位イベント生成率を持つ一様ポア
ソン過程に変換される．

5.3.5 残差分析への応用

　時間伸縮の残差分析への応用を紹介する．残差分析はモデルの
妥当性を検証する方法である．"真の" 条件付き強度関数を用いて
時間を伸縮すると，点過程は単位イベント生成率の一様ポアソン
過程（残差）に変換されるが，"間違った" 条件付き強度関数を用
いると一様ポアソン過程から乖離する．この事実を用いると，モ
デルの妥当性を変換したデータの一様ポアソン過程への適合度に
帰着させることができる．

　イベント時系列データ $\{t_i\}$ に対してモデルの候補となる条件付
き強度関数 $\hat{\lambda}^*(t)$ の適合度を検証することを考えよう．まず

$$\hat{\Lambda}^*(t) = \int_0^t \hat{\lambda}^*(u)du \tag{5.85}$$

を用いてイベント時系列データを変換する．モデル $\hat{\lambda}^*(t)$ が正し
ければ変換されたイベント時系列は単位イベント生成率の一様ポ
アソン過程に従うので，イベント間隔

$$\tau_i = \hat{\Lambda}^*(t_i) - \hat{\Lambda}^*(t_{i-1}) \tag{5.86}$$

は平均 1 の指数分布に従い，さらに

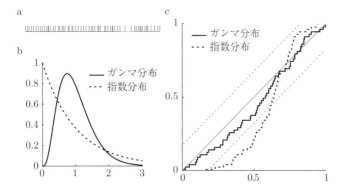

図 **5.10** (a) イベント時系列のラスタープロット. (b) イベント間隔分布. (c) 累積分布関数のプロットとコルモゴロフ・スミルノフ検定の有意水準 $\alpha = 0.05$ の棄却限界値（点線）.

$$z_i = 1 - \exp(-\tau_i) \tag{5.87}$$

は $[0, 1]$ 上の一様分布に従う. よって, $\hat{\lambda}^*(t)$ の検証は $\{z_i\}$ と一様分布の比較に帰着される.

この比較は累積分布関数をプロットすることで視覚化できる. 具体例を用いて説明しよう. 図5.10は, イベント時系列データ（図5.10a）に対して, ガンマ分布と指数分布（図5.10b）をそれぞれイベント間隔分布に持つリニューアル過程（指数分布の場合は一様ポアソン過程）を当てはめた結果である[10]. それぞれのモデルに対して, 変換された n 個のサンプルからなるデータ $\{z_1, \ldots, z_n\}$ をその大きさが小さい順に並べたものを $\{z_{(1)}, \ldots, z_{(n)}\}$ とし, これに対して $b_i = \frac{i - \frac{1}{2}}{n}$ $(i = 1, \ldots, n)$ を縦軸にプロットする（図5.10c）. $\{z_i\}$ が一様分布に従っていればプロットした点は傾き 1 の対角線上に分布するので, 対角線からの乖離の度合いでモデルの当てはまり具合を視覚化することができる. **コルモゴロフ・スミルノフ検定**に基づいてプロットの棄却域を与えることができ, サンプル数 n が大きいときに有意水準 $\alpha = 0.05$ の棄却限界値は $z_{(i)} \pm 1.36 n^{-1/2}$ で与えられる（図5.10c 点線）. プロットした点が限界値を超えると, 設定した有意水準でモデルは棄却される. この例では, 指数分布のプロットは限界値を超えているので棄却される. つまり, このデータは一様ポアソン過程では説明できないということだ[11].

10) それぞれのモデルのパラメータ推定方法は 3.5 節を参照.

コルモゴロフ・スミルノフ検定：
Kolmogorov-Smirnov test

11) さらに, 指数分布に比べて幅の狭いガンマ分布が棄却されないことから, イベント時系列は一様ポアソン過程よりも規則的であることが読み取れる.

5.4 点過程の実現方法

5.4.1 時間伸縮を用いた方法

時間伸縮による非一様ポアソン過程の実現方法（4.4.1 項）を，イベント生成率 $\lambda(t)$ を条件付き強度関数 $\lambda^*(t)$ に置き換えることで，一般の点過程の実現に拡張できる．

1. $t_0 = 0,\ i = 1$.

2. 平均 1 の指数分布に従う乱数 η を生成する．

3. $\eta = \int_{t_{i-1}}^{t_i} \lambda^*(u)du$ を満たす t_i を求める．

4. $t_i \geq T$ ならば終了．$t_i < T$ ならば $i \leftarrow i+1$ とし，2 へ．

5.4.2 間引き法

間引き法は，実現が容易な代理となる点過程（提案過程）からサンプリングしたイベントを取捨選択して望みのイベント時系列を実現する方法である．条件付き強度関数の値の計算だけが求められるので，効率良くイベント時系列を生成することができる．

実現したい点過程の条件付き強度関数を $\lambda^*(t)$ とし，提案過程の条件付き強度関数を $\theta^*(t)$ とする．$\theta^*(t)$ は実現区間 $t \in (0,T]$ で $\theta^*(t) \geq \lambda^*(t)$ を満たすものとする[12]．この条件付き強度関数を用いてイベント時系列 $\{t_1^*, t_2^*, \ldots\}$ をサンプリングし，各イベント t_i^* を確率 $\lambda^*(t_i^*)/\theta^*(t_i^*)$ で残す．残されたイベント時系列が $\lambda^*(t)$ を持つ点過程の実現となる．

この方法の正当性は，以下のように示すことができる．$\theta^*(t)$ を基底過程の条件付き強度関数とし，マーク $z \in \{0,1\}$（$z=1$ は採択，$z=0$ は棄却）の確率分布をベルヌーイ分布

$$f^*(z|t) = \left\{\frac{\lambda^*(t)}{\theta^*(t)}\right\}^z \left\{1 - \frac{\lambda^*(t)}{\theta^*(t)}\right\}^{1-z} \tag{5.88}$$

で与えると，候補イベントの時刻とマーク $\{(t_i^*, z_i) : i = 1, \ldots, n\}$ の同時確率密度関数は，(5.45) より

$$p_{(0,T]}(t_1^*, \ldots, t_n^*, z_1, \ldots, z_n)$$

[12] 後で余分なイベントを捨てるため，望みの点過程よりも過剰にイベントを生成する必要がある．

$$= \left\{ \prod_{i=1}^{n} f^*(z_i|t_i^*)\theta^*(t_i^*) \right\} \exp \left\{ -\int_0^T \sum_{z \in \{0,1\}} f^*(z|t)\theta^*(t)dt \right\}$$

$$= p_{(0,T]}(\{(t_i^*, z_i) : z_i = 1\}) p_{(0,T]}(\{(t_i^*, z_i) : z_i = 0\}) \quad (5.89)$$

で与えられる[13]．ここで

$$p_{(0,T]}(\{(t_i^*, z_i) : z_i = 1\}) = \left\{ \prod_{z_i=1} \lambda^*(t_i^*) \right\} \exp \left\{ -\int_0^T \lambda^*(t)dt \right\} \quad (5.90)$$

[13] 2 行目の積分の中で $\sum_{z\in\{0,1\}} f^*(z|t) = 1$ を用いた．

および

$$p_{(0,T]}(\{(t_i^*, z_i) : z_i = 0\}) = \left[\prod_{z_i=0} \{\theta^*(t_i^*) - \lambda^*(t_i^*)\} \right]$$
$$\times \exp \left[-\int_0^T \{\theta^*(t) - \lambda^*(t)\}dt \right] \quad (5.91)$$

である．特に (5.90) は条件付き強度関数 $\lambda^*(t)$ を持つ点過程の確率密度関数 (5.12) であるから，採択されたイベント時系列 $\{t_i^* : z_i = 1\}$ は $\lambda^*(t)$ の点過程に従うことが示された．

イベント生成率 $\lambda(t)$ を持つ非一様ポアソン過程は，イベント生成率 $M = \max_{t \in (0,T]} \lambda(t)$ の一様ポアソン過程を提案過程にすることで効率良く実現することができた（4.4.2 項）．一般の点過程に対しても提案過程を適切に選ぶことが要である．以下にいくつかの具体例を挙げよう．

ホークス過程 指数関数カーネルを持つホークス過程の実現を考える（図 5.3）．条件付き強度関数

$$\lambda^*(t) = \mu + \alpha\beta \sum_{t_i < t} e^{-\beta(t-t_i)} \quad (5.92)$$

はイベントが発生するたびに増加するので，全時間区間で一様な上限を設けることはできないが，イベントの発生に従って適応的に $\theta^*(t)$ を設定することで間引き法を実装することができる（図 5.11）．アルゴリズムは以下のようになる．

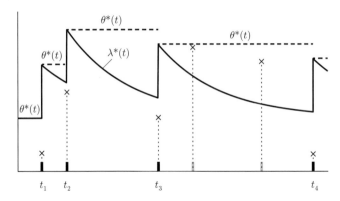

図 5.11 ホークス過程に対しては，イベントが採択されるたびに $\theta^*(t)$ を適応的に変えることで間引き法を適用できる．

1. $t = 0$, $i = 1$, $\theta^*(t) = \mu$.

2. パラメータ $\theta^*(t)$ の指数分布に従う乱数 η を生成する．

3. $t = t + \eta$, $t > T$ ならば終了．

4. $[0,1]$ の区間の一様乱数 ξ を生成する．$\lambda^*(t)/\theta^*(t) \geq \xi$ ならば

$$t_i = t, \quad i \leftarrow i + 1, \quad \theta^*(t) = \lambda^*(t) + \alpha\beta$$

5. 2 に戻る．

マーク付きホークス過程　マーク付きホークス過程に対しては，マークをサンプリングするステップを上記のアルゴリズムに追加するだけである．図 5.5 に用いた実現方法は以下のとおりである．

1. $t = 0$, $i = 1$, $\theta^*(t) = \mu$.

2. パラメータ $\theta^*(t)$ の指数分布に従う乱数 η を生成する．

3. $t = t + \eta$, $t > T$ ならば終了．

4. $[0,1]$ の区間の一様乱数 ξ を生成する．$\lambda^*(t)/\theta^*(t) \geq \xi$ ならば確率分布 (5.51) に従う乱数 α_i を生成し

$$t_i = t, \quad i \leftarrow i + 1, \quad \theta^*(t) = \lambda^*(t) + \alpha_i\beta$$

5. 2 に戻る.

多次元ホークス過程（図 5.8）は，基底過程の条件付き強度関数とマークの確率分布をそれぞれ (5.63) と (5.64) とするマーク付きホークス過程で実現できる.

6 ▸ カウント時系列モデル

　時系列データには，個々のイベントの発生時刻は記録されず，一定期間ごとに発生したイベント数を記録したカウントデータの形式も多い．本章では，このようなデータに対する離散時間のカウント時系列モデルを導入する．

6.1 ▸ カウント時系列データのモデリング

　イベント数が一定期間ごとに集計された時系列データを考え，i 番目の区間に入るイベント数を $y_i \in \{0, 1, \ldots\}$ とする（図 6.1）．本章では，カウント時系列 $\{y_1, y_2, \ldots\}$ に対する統計モデルを考える．

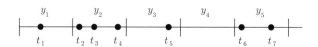

図 6.1 発生したイベント $\{t_1, t_2, \ldots\}$ は区間ごとに集計され，カウント時系列 $\{y_1, y_2, \ldots\}$ として記録される．

　時点 $i-1$ までのイベント履歴が与えられた下での y_i の条件付き期待値が $\{y_1, \ldots, y_{i-1}\}$ の関数で与えられるとする．

$$E(Y_i|y_1, \ldots, y_{i-1}) = \lambda_i^*(y_1, \ldots, y_{i-1}) \tag{6.1}$$

また，期待値 $\lambda = E(Y)$ をパラメータに持つ非負整数値の確率分布 $p(y; \lambda)$ によって，$\{y_1, \ldots, y_{i-1}\}$ が与えられた下での y_i の条件付き確率が

$$P(Y_i = y_i | Y_1 = y_1, \ldots, Y_{i-1} = y_{i-1}) = p(y_i; \lambda_i^*) \qquad (6.2)$$

で与えられるとする．このとき，カウント時系列全体 $\{y_1, \ldots, y_n\}$ の同時確率分布は

$$
\begin{aligned}
P(Y_1 = &y_1, \ldots, Y_n = y_n) \\
&= P(Y_1 = y_1) P(Y_2 = y_2 | Y_1 = y_1) \\
&\times \cdots \times P(Y_n = y_n | Y_1 = y_1, \ldots, Y_{n-1} = y_{n-1}) \\
&= \prod_{i=1}^{n} p(y_i; \lambda_i^*) \qquad (6.3)
\end{aligned}
$$

と求められる．つまり，カウント時系列モデルは条件付き期待値を与える関数 (6.1) とカウントの確率分布 $p(y; \lambda)$ で構成される．

ポアソンカウント時系列モデル イベント生成率 $\lambda(t)$ を持つ非一様ポアソン過程の時間を幅 Δ で等分したとき，区間 $((i-1)\Delta, i\Delta]$ に発生するイベント数 y_i $(i = 1, 2, \ldots)$ は，平均が

$$\lambda_i = \int_{(i-1)\Delta}^{i\Delta} \lambda(t) dt \qquad (6.4)$$

のポアソン分布に従う．

$$p(y_i; \lambda_i) = \frac{\lambda_i^{y_i}}{y_i!} e^{-\lambda_i} \qquad (6.5)$$

よって，ポアソン過程を離散化した時系列モデルは，期待値パラメータ (6.4) とポアソン分布 (6.5) を持つカウント時系列モデルになる．ポアソン過程におけるイベントの独立性より，各時点のイベント数は互いに独立である．

点過程の離散時間近似 条件付き強度関数 $\lambda^*(t)$ を持つ点過程を時間幅 Δ で離散化する．Δ が十分に小さく，各区間に発生するイベント数 $y_i \in \{0, 1\}$ が高々 1 個のとき，y_i の分布はパラメータ $\lambda_i^* = \lambda^*(i\Delta)$ のベルヌーイ分布で近似できる．

$$p(y; \lambda_i^*) = \lambda_i^{* y_i} (1 - \lambda_i^*)^{1 - y_i} \qquad (6.6)$$

したがって，期待値パラメータ λ_i^* とベルヌーイ分布 (6.6) からなるカウント（バイナリ）時系列モデルは，条件付き強度関数 $\lambda^*(t)$

を持つ点過程の離散時間近似を与える[1].

回帰モデル カウント時系列 $\{y_1, \ldots, y_n\}$ と，それに伴う d 個の時系列（共変量）$\{x_{1j}, \ldots, x_{nj}\}_{j=1}^{d}$ が与えられているとする．x_{ij} は j 番目の共変量の時点 i における値である．回帰分析の目的は，カウント時系列の変動と共変量の関係を調べることである．回帰モデルは期待値パラメータを共変量の関数で与えることで構成される．

$$\lambda_i(x_{i1}, \ldots, x_{id}) = f(\beta_0 + \beta_1 x_{i1} + \cdots + \beta_d x_{id}) \qquad (6.7)$$

ここで f は非負値単調関数であり，共変量の線形和（線形予測子）とイベント数の期待値を関連付ける関数である．ここで

$$\boldsymbol{x}_i = \begin{pmatrix} 1 \\ x_{i1} \\ \vdots \\ x_{id} \end{pmatrix}, \quad \boldsymbol{\beta} = \begin{pmatrix} \beta_0 \\ \beta_1 \\ \vdots \\ \beta_d \end{pmatrix} \qquad (6.8)$$

とおくと (6.7) は

$$\lambda_i(\boldsymbol{x}_i) = f(\boldsymbol{x}_i^{\mathsf{T}} \boldsymbol{\beta}) \qquad (6.9)$$

と簡潔に表される．カウント時系列モデルは，(6.9) を期待値パラメータに持つ確率分布：

$$y_i \sim p(y_i; \lambda_i(\boldsymbol{x}_i)) \qquad (6.10)$$

を与えることで定められる．

　カウント時系列に基づく回帰モデルは**一般化線形モデル**と見なすことができる．GLM の枠組みでは，通常 $p(y; \lambda)$ を指数分布族の確率分布とし，リンク関数と呼ばれる単調関数 g を用いて，線形予測子と期待値 $\lambda_i = E(Y_i)$ が

$$g(\lambda_i) = \boldsymbol{x}_i^{\mathsf{T}} \boldsymbol{\beta} \qquad (6.11)$$

で結ばれる．(6.9) と比べるとわかるように，g は f の逆関数である[2]．したがって (6.9) と (6.10) は，$g = f^{-1}$ をリンク関数とする GLM であり，回帰分析は GLM の枠組みで行うことができる[3].

[1] 第 2 章の最後で一様ポアソン過程をベルヌーイ過程で近似した際の確率が時間によらず一定であったのに対して，一般の点過程の場合は確率が時間ごとに（過去のイベントに依存しながら）変わる．

一般化線形モデル：generalized linear model, GLM

[2] リンク関数に対して f を活性化関数と呼ぶことがある．

[3] GLM についてはたくさんの良書があるので（例えば [3, 13, 30]），それらを参照されたい．

　カウント時系列の背後にあるイベント生成過程がポアソン過程ではないとき，イベント数の分布はポアソン分布から乖離する．このような時系列に対しては，イベント数の統計的性質に合わせて確率分布を選ぶべきである．例えば，イベント生成過程がリニューアル過程のときは，リニューアル過程から導かれるカウント分布（3.3 節）を用いることができる[4]．次節では，過分散のカウントデータに対してよく用いられる負の二項分布を紹介する．

[4] ただし，一般的にリニューアル過程のカウント分布を解析的に求めるのは難しい．

6.2　負の二項分布

　負の二項分布は，過分散を持つ非負整数値の確率分布である．基本事項についてはこの節の最後にまとめた（6.2.3 項）．負の二項分布は 2 つのパラメータを持つ．よく使われる表示の仕方が何通りかあるが，ここではカウント時系列モデルに適した 2 つの表示を紹介する．1 つ目は

負の二項分布：negative binomial distribution

$$\mathrm{NB1}(y;\lambda,\rho) = \frac{\Gamma(y+\frac{\lambda}{\rho})}{\Gamma(y+1)\Gamma(\frac{\lambda}{\rho})}\left(\frac{\rho}{1+\rho}\right)^y\left(\frac{1}{1+\rho}\right)^{\frac{\lambda}{\rho}} \quad (6.12)$$

と表され，パラメータは $\lambda > 0$, $\rho > 0$ である．平均と分散はそれぞれ $E(Y) = \lambda$ および $V(Y) = (1+\rho)\lambda$ で与えられる．分散は平均値よりも大きく，ρ は過分散の度合いを表す．$\rho \to 0$ の極限でポアソン分布 (6.5) に収束する．図 6.2 に負の二項分布の形状を示した．過分散のため，同じ平均値でもポアソン分布に比べて広がりを持つ．

　もうひとつの表示は

$$\mathrm{NB2}(y;\lambda,r) = \frac{\Gamma(y+r)}{\Gamma(y+1)\Gamma(r)}\left(\frac{\lambda}{r+\lambda}\right)^y\left(\frac{r}{r+\lambda}\right)^r \quad (6.13)$$

で与えられる[5]．パラメータは $\lambda > 0$, $r > 0$ である．この表示に対する平均と分散はそれぞれ $E(Y) = \lambda$ および $V(Y) = \lambda + r^{-1}\lambda^2$ で与えられる．分散が λ の 2 次式で与えられていることに注意しよう．$r \to \infty$ で NB2 はポアソン分布 (6.5) に収束する．

　NB1 と NB2 はパラメータ変換

[5] この表示は一般化線形モデルでよく用いられる．

$$r = \frac{\lambda}{\rho} \quad (6.14)$$

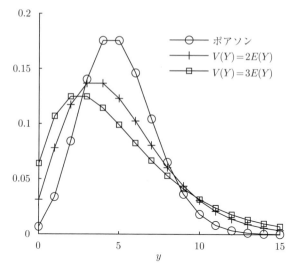

図 **6.2** 負の二項分布の形状. 平均値 $E(y) = 5$ は共通.

で互いに結ばれる. これらは同じ分布の異なるパラメータ表示ということだ. 主な違いは分散の形である. NB1 の分散は平均に比例するが, NB2 の分散は平均について 2 次である. どちらを用いるかは, モデリングしたいデータの統計的性質によって選ぶべきである.

以下では二通りの方法で負の二項分布を導出し, それぞれの導出方法に基づいて背後にあるイベント生成過程と関連付ける.

6.2.1 混合分布から導出

イベントはパラメータ μ のポアソン分布に従って生成されるとする.

$$p(y; \mu) = \frac{\mu^y}{y!} e^{-\mu} \tag{6.15}$$

ただし, μ の値は試行ごとにばらつき, 平均 λ と分散 λ^2/r のガンマ分布に従うとする.

$$p(\mu; \lambda, r) = \frac{r^r}{\lambda^r \Gamma(r)} \mu^{r-1} e^{-r\mu/\lambda} \tag{6.16}$$

このとき, 特定の試行によらないイベント数の分布はポアソン分布とガンマ分布の**混合分布**で与えられる:

混合分布：mixture distribution

$$\int_0^\infty p(y;\mu)p(\mu;\lambda,r)d\mu \qquad (6.17)$$

これに (6.15) と (6.16) を代入すると

$$
\begin{aligned}
\int_0^\infty \frac{\mu^y e^{-\mu}}{y!}\frac{r^r\mu^{r-1}e^{-r\mu/\lambda}}{\lambda^r\Gamma(r)}d\mu &= \frac{r^r}{y!\lambda^r\Gamma(r)}\int_0^\infty \mu^{y+r-1}e^{-\frac{\lambda+r}{\lambda}\mu}d\mu \\
&= \frac{r^r\Gamma(y+r)}{y!\lambda^r\Gamma(r)}\left(\frac{\lambda}{r+\lambda}\right)^{y+r} \\
&= \mathrm{NB2}(y;\lambda,r) \qquad (6.18)
\end{aligned}
$$

となり (6.13) が導かれる．つまり，負の二項分布はポアソン分布とガンマ分布の混合分布である．

　NB1 はパラメータ変換 (6.14) によって NB2 から導かれるので，対応する μ の分布は平均 λ と分散 $\rho\lambda$ のガンマ分布である．混合分布の解釈の下で NB1 と NB2 の違いは，パラメータ μ の分散が λ の 1 次か 2 次の違いである．

　混合分布による導出は，イベント生成過程について次のような解釈を与える：イベントは一様ポアソン過程に従って生成されるが，イベント生成率がガンマ分布に従って試行ごとにばらつく．このような生成過程が背後にあるとき，イベント数は負の二項分布に従う．

6.2.2　複合ポアソン分布から導出

　独立同一分布に従う n 個の確率変数 Z_i $(i=1,\dots,n)$ の和

$$Y = \sum_{i=1}^n Z_i \qquad (6.19)$$

に対して，n がポアソン分布に従う確率変数のとき，Y の分布を**複合ポアソン分布**という．特に Z_i の分布が対数分布 (5.53) で与えられるとき，Y の分布は負の二項分布になることが示される．このとき，(6.19) は複数のイベントが同時に発生する点過程のイベント数 (5.52) に対応する．したがって，イベント発生時刻が一様ポアソン過程に従い，かつ同時発生するイベント件数が対数分布に従うとき，イベント総数は負の二項分布に従う．

　複合ポアソン分布の導出には，確率母関数を用いた計算が便利である．Z と n の確率母関数をそれぞれ

複合ポアソン分布：
compound Poisson distribution

$$G_Z(t) = E_Z(t^Z) = \sum_{z=0}^{\infty} p(z)t^z \tag{6.20}$$

$$G_n(t) = E_n(t^n) = \sum_{n=0}^{\infty} p(n)t^n \tag{6.21}$$

とする[6]. このとき, 複合ポアソン分布 $p(y)$ の確率母関数は

$$G_Y(t) = E_Y(t^Y) = E_n\{E_{Z_1,\dots,Z_n}(t^{Z_1+\cdots+Z_n}|n)\} \tag{6.22}$$

で与えられるが, ここで $Z_1,\dots,Z_n$ は独立同一分布に従うから

$$E_{Z_1,\dots,Z_n}(t^{Z_1+\cdots+Z_n}|n) = E_Z(t^Z)^n = G_Z(t)^n \tag{6.23}$$

となるので, $p(y)$ の確率母関数は $G_Z(t)$ と $G_n(t)$ を用いて

$$G_Y(t) = E_n\{G_Z(t)^n\} = G_n\{G_Z(t)\} \tag{6.24}$$

と表される. (6.24) にポアソン分布の確率母関数

$$G_n(t) = \exp\{\mu(t-1)\} \tag{6.25}$$

と対数分布 (5.53) の確率母関数

$$G_Z(t) = \frac{\log(1-\theta t)}{\log(1-\theta)} \tag{6.26}$$

を代入すると

$$G_Y(t) = \left(\frac{1-\theta t}{1-\theta}\right)^{\frac{\mu}{\log(1-\theta)}} \tag{6.27}$$

が導かれる. これは負の二項分布の確率母関数 (6.35) であり, NB1 および NB2 のパラメータとの対応は (6.14) と (6.39) より

$$\lambda = -\frac{\mu\theta}{(1-\theta)\log(1-\theta)} \tag{6.28}$$

$$r = -\frac{\mu}{\log(1-\theta)} \tag{6.29}$$

$$\rho = \frac{\theta}{1-\theta} \tag{6.30}$$

で与えられる.

6.2.3 負の二項分布についての補足

負の二項分布についての基本事項をまとめる[7]. 負の二項分布

6) ここでは期待値を取る確率変数を明記するため, E に添字を付けて表示する.

7) [23] に詳しい解説がある.

は，負のベキ指数を持つ二項展開から導かれる．正の実数 $r > 0$ をベキとする一般化された二項展開

$$(a - b)^{-r} = \sum_{y=0}^{\infty} \frac{(r + y - 1) \cdots (r + 1)r}{y!} a^{-r-y} b^y$$

$$= \sum_{y=0}^{\infty} \frac{\Gamma(r + y)}{\Gamma(y + 1)\Gamma(r)} \left(\frac{1}{a}\right)^r \left(\frac{b}{a}\right)^y \quad (6.31)$$

において，$a = 1/(1 - p)$, $b = p/(1 - p)$ とおくと

$$1 = \sum_{y=0}^{\infty} \frac{\Gamma(r + y)}{\Gamma(y + 1)\Gamma(r)} (1 - p)^r p^y \quad (6.32)$$

が成り立つので，和の中は確率分布の性質を満たす．これが負の二項分布である．

$$\mathrm{NB}(y; p, r) = \frac{\Gamma(r + y)}{\Gamma(y + 1)\Gamma(r)} (1 - p)^r p^y \quad (y = 0, 1, \ldots) \quad (6.33)$$

パラメータは $r > 0$, $0 < p < 1$ である．負のベキ指数を持つ二項展開から与えられることが名前の由来である．r が自然数のときはパスカル分布と呼ばれ，成功の確率 $1 - p$(失敗の確率 p) のベルヌーイ試行において，r 回成功する前に失敗する回数 y の確率を与える．

パスカル分布：**Pascal distribution**

(6.33) の確率母関数は

$$G(t) = E(t^Y)$$

$$= \sum_{y=0}^{\infty} \frac{\Gamma(r + y)}{\Gamma(y + 1)\Gamma(r)} (1 - p)^r p^y t^y \quad (6.34)$$

で与えられるが，ここで $1 - p = 1/a$, $pt = b/a$ とおくと (6.31) に対応するので，これらを a と b に関して解いた $a = 1/(1 - p)$, $b = pt/(1 - p)$ を (6.31) に代入することで

$$G(t) = \left(\frac{1}{1 - p} - \frac{pt}{1 - p}\right)^{-r} = \left(\frac{1 - pt}{1 - p}\right)^{-r} \quad (6.35)$$

と求められる．

確率母関数から平均値は

$$E(Y) = \left.\frac{dG(t)}{dt}\right|_{t=1} = \frac{rp}{1 - p} \quad (6.36)$$

と求められ，また

$$E[Y(Y-1)] = \frac{d^2 G(t)}{dt^2}\bigg|_{t=1} = \frac{r(r+1)p^2}{(1-p)^2} \qquad (6.37)$$

より分散は

$$\mathrm{Var}(Y) = E[Y(Y-1)] + E(Y) - E(Y)^2 = \frac{rp}{(1-p)^2} \qquad (6.38)$$

と求められる．$0 < p < 1$ より $\mathrm{Var}(Y) > E(Y)$（過分散）である．
平均値を

$$\lambda = \frac{rp}{1-p} \qquad (6.39)$$

とおいて (6.33) のパラメータを (p, r) から (λ, r) に変換すると
NB2 が得られる．さらに (6.14) によってパラメータ (λ, ρ) で表
すと NB1 になることは先に述べたとおりである．

　負の二項分布は，平均値 $\lambda = rp/(1-p)$ を固定して $p \to 0$
$(r \to \infty)$ の極限をとるとポアソン分布 (6.5) に収束する．これは
以下のように示される．(6.39) を用いて確率母関数 (6.35) を

$$G(t) = \left\{1 + \frac{\lambda(1-t)}{r}\right\}^{-r} \qquad (6.40)$$

と表し，指数関数の定義 $e^x = \lim_{n\to\infty}(1 + x/n)^n$ を用いると

$$\lim_{r\to\infty} \left\{1 + \frac{\lambda(1-t)}{r}\right\}^{-r} = \exp\{\lambda(t-1)\} \qquad (6.41)$$

となり，ポアソン分布の確率母関数が得られる．したがって，こ
の極限で負の二項分布 (6.33) はポアソン分布に収束する．

7 ▶ 状態空間モデルによる イベント時系列解析

状態空間モデルでは，時系列の特徴を状態と呼ばれる潜在変数 で表現し，ベイズ推論の枠組みで時系列に対する推定を行う．本 章では，状態空間モデルを用いたイベント時系列解析の方法を解 説する．

状態空間モデル：state space model

7.1 状態空間モデル

まず，状態空間モデルを導入する動機を与える簡単な例から始 めよう．カウント時系列データ $\{y_1, \ldots, y_T\}$ から各時点の頻度 λ_t $(t = 1, \ldots, T)$ を推定する問題を考える．イベント数 y_t がポアソ ン分布

$$p(y_t; \lambda_t) = \frac{\lambda_t^{y_t}}{y_t!} e^{-\lambda_t} \tag{7.1}$$

に従うとすると，$\{\lambda_1, \ldots, \lambda_T\}$ の対数尤度は

$$
\begin{aligned}
l(\lambda_1, \ldots, \lambda_T) &= \sum_{t=1}^{T} \log p(y_t; \lambda_t) \\
&= \sum_{t=1}^{T} (y_t \log \lambda_t - \lambda_t - \log y_t!)
\end{aligned}
\tag{7.2}
$$

で与えられるので，尤度方程式

$$\frac{\partial}{\partial \lambda_t} l(\lambda_1, \ldots, \lambda_T) = \frac{y_t}{\lambda_t} - 1 = 0 \tag{7.3}$$

を λ_t について解くことで最尤推定値は $\hat{\lambda}_t = y_t$ $(t = 1, \ldots, T)$ と 求められる[1]．各時点のデータ y_t に対してパラメータ λ_t がひと つずつ対応するので，推定値は対応する点のデータにぴったり当

[1] 詳しくは 3.5 節を 参照.

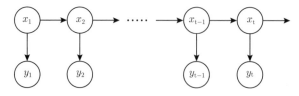

図 7.1 確率変数間の依存関係のグラフ表現.

てはまってしまった．このように推定結果がデータに過度に当て
はまることを過剰適合という．典型的なパラメータ過多の問題で
あり，特定のデータに過剰適合した推定値は，データの生成過程
を説明したり未知のデータを予測すること（汎化）ができない[2]．
状態空間モデルでは，時系列の時間変動の特徴を表現する確率モ
デルを事前知識として導入したベイズ推論の枠組みでこの問題を
記述する[3]．

7.1.1 状態空間モデルの定義

ここでは一般的な離散時間の時系列を想定し，時点 $t\,(=1,2,\dots)$
の観測値を y_t とする．観測値の系列 $\{y_1, y_2, \dots\}$ がモデリングの
対象となる時系列である．状態空間モデルでは，この時系列の特
徴を表現するために直接には観測されない潜在変数 x_t を導入す
る．これを**状態**と呼ぶ[4]．状態と観測の確率について次の2つを
仮定する．

1. 現時点の状態の確率は，1時点前の状態のみに依存する．

2. 現時点の観測の確率は，同じ時点の状態のみに依存する．

最初の仮定から，将来の状態の確率は現在の状態に至るまでの経
過とは関係なく，現在の状態のみで決まる．このような確率過程
を**マルコフ過程**という．2つ目の仮定より，観測値の確率は現在
の状態から決まるので，異なる時点の観測値間の関連性は状態を
経由して表現されることになる．データの時間変動の特徴は状態
のマルコフ過程に表現されるということだ．図7.1に変数間の依
存関係を図示した．

上の2つの仮定は条件付き確率を用いてそれぞれ

$$x_t | x_{t-1} \sim p(x_t | x_{t-1}) \tag{7.4}$$

2) イベント数 y_t の平均と分散はともに λ_t なので，最尤推定値 $\hat{\lambda}_t$ の相対誤差は $1/\sqrt{\lambda_t}$ である．したがって，λ_t が小さいほど（イベント数が少ないほど）この問題は顕著になる．

3) ヒストグラム法では，ビン幅を最適化することでこの問題に対処した（4.5節）．

4) 本章では，状態 x_t と観測値 y_t に対してスカラーとベクトルを区別せず同じ字体で表すので，特に指定しない限りどちらを想定しても構わない．

マルコフ過程：
Markov process

および

$$y_t|x_t \sim p(y_t|x_t) \tag{7.5}$$

で表現される．(7.4) を**状態モデル**[5]，(7.5) を**観測モデル**という．

表記を簡単にするため，時点 1 から t までの状態列を $x_{1:t} = \{x_1, \ldots, x_t\}$ と表記し，観測列についても同様に $y_{1:t} = \{y_1, \ldots, y_t\}$ とする．初期状態の分布 $p(x_1)$ が与えられると，時点 1 から T までの状態と観測の同時確率分布は

$$p(x_{1:T}, y_{1:T}) = \left\{ p(x_1) \prod_{t=2}^{T} p(x_t|x_{t-1}) \right\} \left\{ \prod_{t=1}^{T} p(y_t|x_t) \right\} \tag{7.6}$$

で与えられる．したがって，初期状態の分布 $p(x_1)$ と状態モデル $p(x_t|x_{t-1})$ および観測モデル $p(y_t|x_t)$ の組が時系列全体の確率構造を定める．

7.1.2 ベイズ的解釈

以下では状態空間モデルに含まれるパラメータをまとめて $\boldsymbol{\theta}$ で表し，確率分布がパラメータを持つことを明示するときには $p_{\boldsymbol{\theta}}$ と表記する．状態空間モデルの推定問題は，観測時系列 $y_{1:T}$ からパラメータ $\boldsymbol{\theta}$ と状態 x_t $(t = 1, \ldots, T)$ を推定することである．

推定問題をベイズ推論の視点から眺めてみよう．状態時系列 $x_{1:T}$ が与えられた下での観測時系列 $y_{1:T}$ の条件付き確率は

$$p_{\boldsymbol{\theta}}(y_{1:T}|x_{1:T}) = \prod_{t=1}^{T} p_{\boldsymbol{\theta}}(y_t|x_t) \tag{7.7}$$

である．一方，状態時系列 $x_{1:T}$ の確率分布は

$$p_{\boldsymbol{\theta}}(x_{1:T}) = p_{\boldsymbol{\theta}}(x_1) \prod_{t=2}^{T} p_{\boldsymbol{\theta}}(x_t|x_{t-1}) \tag{7.8}$$

で与えられる．観測データ $y_{1:T}$ が与えられた下での状態 $x_{1:T}$ についてのすべての情報は条件付き確率 $p_{\boldsymbol{\theta}}(x_{1:T}|y_{1:T})$ に含まれ，これはベイズの定理より

$$p_{\boldsymbol{\theta}}(x_{1:T}|y_{1:T}) = \frac{p_{\boldsymbol{\theta}}(y_{1:T}|x_{1:T})p_{\boldsymbol{\theta}}(x_{1:T})}{p_{\boldsymbol{\theta}}(y_{1:T})} \tag{7.9}$$

と求められる．ここで右辺の分母[6]

状態モデル：state model.

[5] システムモデル (system model) ともいう．

観測モデル：observation model

[6] 表記の簡略化のため，積分区間を指定しない $\int dx_t$ は x_t の定義域にわたる定積分を表す．

$$p_{\boldsymbol{\theta}}(y_{1:T}) = \int \cdots \int p_{\boldsymbol{\theta}}(y_{1:T}|x_{1:T})p_{\boldsymbol{\theta}}(x_{1:T})dx_1 \cdots dx_T \quad (7.10)$$

はパラメータ $\boldsymbol{\theta}$ の**周辺尤度**と呼ばれる. ベイズ的に考えると, 状態時系列の確率分布 (7.8) は時系列の変動の仕方についての知識を表した事前分布に対応し, 状態推定はベイズの定理を介して得られる事後分布 (7.9) に基づいて行われることになる.

周辺尤度 : marginal likelihood

状態空間モデルが未知パラメータ $\boldsymbol{\theta}$ を含むとき, 観測データ $y_{1:T}$ に対する $\boldsymbol{\theta}$ の周辺尤度 (7.10) を最大化することでパラメータを決定することができる. このような方法を**経験ベイズ法**という. 経験ベイズ法では, まず周辺尤度 (7.10) を最大化するパラメータ $\hat{\boldsymbol{\theta}}$ を選択し, この値を代入した状態の事後分布 $p_{\hat{\boldsymbol{\theta}}}(x_{1:T}|y_{1:T})$ に基づいて状態推定を行う.

経験ベイズ法 : em-pirical Bayes method

具体的に見るため, 最初の例に状態空間モデルを導入してみよう. ポアソン分布 (7.1) を観測モデルとし, 状態 x_t と頻度パラメータ λ_t が $x_t = \log \lambda_t$ で結ばれるとして[7], 状態モデルを平均 x_{t-1} と分散 σ^2 のガウス分布で与えることにする.

[7] $\lambda_t > 0$ に対し, 状態の定義域が $-\infty < x_t < \infty$ となるので扱いやすい.

$$p(x_t|x_{t-1}) = \frac{1}{\sqrt{2\pi\sigma^2}} \exp\left\{-\frac{(x_t - x_{t-1})^2}{2\sigma^2}\right\} \quad (7.11)$$

これは**ランダムウォークモデル**と呼ばれ, 局所的には $x_t \approx x_{t-1}$ であり状態変化に許容される幅が σ 程度であることを表現したモデルである.

ランダムウォークモデル : random walk model

この状態空間モデルの意味を考えてみよう. $x_{1:T}$ の事後分布 (7.9) の対数は, (7.1) と (7.11) を用いると

$$\log p(x_{1:T}|y_{1:T}) = \log p(y_{1:T}|x_{1:T}) + \log p(x_{1:T}) - \log p(y_{1:T})$$
$$= \sum_{t=1}^{T}(y_t x_t - e^{x_t}) - \frac{1}{2\sigma^2}\sum_{t=2}^{T}(x_t - x_{t-1})^2$$
$$(7.12)$$

となる. 見通しをよくするため, 最後の式で $x_{1:T}$ に依存しない項と初期分布に由来する項を無視した. これを最大化する $\hat{x}_t$ $(t = 1, \ldots, T)$ を状態の推定値としよう[8]. (7.12) の最後の式の第 1 項はポアソン分布の対数尤度である. 第 2 項は状態モデルに由来し, 隣り合う状態の差が大きいほど事後確率を小さくする "罰金項" の役割を果たす. σ の値が大きいほどこの項の影響は小さ

[8] 最大事後確率 (max-imum a posteriori, MAP) 推定

くなり，$\hat{x}_t$ は最尤推定値に近づく[9]．一方，σ の値が小さいほど
罰金項が支配的になり，$\hat{x}_t \approx \hat{x}_{t-1}$ となってばらつきのない平坦
な推定になる．したがって，事後確率に基づく推定はデータへ当
てはめる尤度とばらつきを抑える罰金項のバランスで決まる．こ
のバランスを決める σ の値は周辺尤度 (7.10) の最大化で求められ
る．

　状態空間モデルの特徴は，時系列データに内在する変動を状態
モデルで表現することである．上の例では変動の"平坦さ"（もし
くは"滑らかさ"）を表現する最も単純なランダムウォークモデル
を考えたが，より複雑なモデルを用いたり解析に都合の良い状態
変数を導入することもできる[10]．状態モデルを導入することで表
現の幅が広がるのだ．

　推定問題が状態空間モデルで定式化されると，残された問題は
状態の事後分布とパラメータの周辺尤度を実際に求めることであ
るが，高次元の多重積分を含んでいるので直接計算するのは容易
ではない．状態空間モデルのもうひとつの利点は，マルコフ性か
ら導かれる漸化式を用いてこれらを効率的に計算できることだ．
それが**逐次ベイズ推定**である．

9) すなわち過度にデータに当てはまる.

10) 本書ではランダムウォークモデルしか扱わないが，状態モデルには傾向変動や周期変動さらに非線形ダイナミクスなどより複雑で多様な構造を柔軟に組み込むことができる．詳しくは [4,25,28] を参照.
逐次ベイズ推定：recursive Bayesian estimation

11) 状態系列の同時事後分布 (7.9) に対して $p(x_s|y_{1:t})$ を周辺事後分布という.

7.2　逐次ベイズ推定

　時点 t までの観測データ $y_{1:t}$ が与えられた下で時点 s の状態の
事後分布を $p(x_s|y_{1:t})$ とする[11]．逐次ベイズ推定が求めるものは
この事後分布だ．状態推定は s と t の前後関係から以下の3つに
分類される．

- $s > t$：予測 (prediction)
- $s = t$：フィルタリング (filtering)
- $s < t$：平滑化 (smoothing)

対応する事後分布 $p(x_s|y_{1:t})$ をそれぞれ**予測分布** $(s > t)$，**フィル
タリング分布** $(s = t)$，**平滑化分布** $(s < t)$ という．これらの分布
について以下で詳しく見ていく．なお，ここで求める公式は，ポ
アソン分布 (7.1) やランダムウォークモデル (7.11) に限らず一般

の状態空間モデルに対して成り立つものである.

7.2.1 予測分布

時点 t のフィルタリング分布 $p(x_t|y_{1:t})$ が求められているとする. このとき, 1 期先の予測分布は状態モデル $p(x_{t+1}|x_t)$ を用いて

$$p(x_{t+1}|y_{1:t}) = \int p(x_{t+1}, x_t|y_{1:t})dx_t$$

$$= \int p(x_{t+1}|x_t)p(x_t|y_{1:t})dx_t \qquad (7.13)$$

と求められる[12]. これを繰り返せば, k 期先の予測分布

$$p(x_{t+k}|y_{1:t}) = \int p(x_{t+k}|x_{t+k-1})p(x_{t+k-1}|y_{1:t})dx_{t+k-1}$$

$$(7.14)$$

を $k = 1, 2, \ldots$ の順に求めることができる.

[12] (7.13) をチャップマン・コルモゴロフ方程式 (Chapman-Kolmogorov equation) という.

7.2.2 フィルタリング分布

時点 t の予測分布 $p(x_t|y_{1:t-1})$ が与えられていると, 観測モデル $p(y_t|x_t)$ とベイズの定理よりフィルタリング分布は

$$p(x_t|y_{1:t}) = \frac{p(x_t, y_t|y_{1:t-1})}{p(y_t|y_{1:t-1})}$$

$$= \frac{p(y_t|x_t)p(x_t|y_{1:t-1})}{p(y_t|y_{1:t-1})} \qquad (7.15)$$

と求められる. ここで分母は観測値の予測分布である.

$$p(y_t|y_{1:t-1}) = \int p(y_t|x_t)p(x_t|y_{1:t-1})dx_t \qquad (7.16)$$

(7.13) と (7.15) を合わせると, フィルタリング分布と予測分布の時間順方向の漸化式になる.

7.2.3 平滑化分布

平滑化分布 $p(x_s|y_{1:t})$ $(s < t)$ は

$$p(x_s|y_{1:t}) = \int p(x_s, x_{s+1}|y_{1:t})dx_{s+1} \qquad (7.17)$$

と表すことができるが, 右辺の非積分関数は以下のように展開できる.

$$p(x_s, x_{s+1}|y_{1:t}) = p(x_{s+1}|y_{1:t})p(x_s|x_{s+1}, y_{1:t})$$
$$= p(x_{s+1}|y_{1:t})p(x_s|x_{s+1}, y_{1:s})$$
$$= p(x_{s+1}|y_{1:t})\frac{p(x_s, x_{s+1}|y_{1:s})}{p(x_{s+1}|y_{1:s})}$$
$$= p(x_{s+1}|y_{1:t})\frac{p(x_{s+1}|x_s)p(x_s|y_{1:s})}{p(x_{s+1}|y_{1:s})} \quad (7.18)$$

ここで右辺の 1 行目から 2 行目の変形は，x_{s+1} が与えられた下で x_s と $\{y_{s+1}, \ldots, y_t\}$ は条件付き独立であることを用いた．よって，時点 s の平滑化分布は

$$p(x_s|y_{1:t}) = \int p(x_s, x_{s+1}|y_{1:t})dx_{s+1}$$
$$= p(x_s|y_{1:s})\int \frac{p(x_{s+1}|y_{1:t})p(x_{s+1}|x_s)}{p(x_{s+1}|y_{1:s})}dx_{s+1} \quad (7.19)$$

と求められる．右辺はフィルタリング分布 $p(x_s|y_{1:s})$ および予測分布 $p(x_{s+1}|y_{1:s})$ と 1 期先の平滑化分布 $p(x_{s+1}|y_{1:t})$ を含むことに着目しよう．フィルタリング分布 $p(x_s|y_{1:s})$ と予測分布 $p(x_{s+1}|y_{1:s})$ を既知とすると，(7.19) は平滑化分布の時間逆方向の漸化式を与える．

7.2.4 フィルタリングと固定区間平滑化アルゴリズム

図 7.2 に逐次ベイズ推定をまとめた．図の矢印はそれぞれ "→" 予測 (7.14)，"⇓" ベイズ更新 (7.15)，"←" 平滑化 (7.19) に対応する．初期状態の分布 $p(x_1)$ を与えると，矢印の方向に沿って各々の事後分布が求められる．

特に予測 (7.13) とベイズ更新 (7.15) を交互に繰り返すと（図の → と ⇓ を交互にたどる），新しい観測値が得られるたびに状態推定値を更新するオンライン[13] 推定になる．この手順をまとめてフィルタリングということもある．アルゴリズムは以下にまとめられる．

1. 初期状態の分布 $p(x_1|y_{1:0}) = p(x_1)$ を与え，$t = 1$ とする．

2. 新しい観測値 y_t が得られたら (7.15) により $p(x_t|y_{1:t})$ を求める．

3. (7.13) により $p(x_{t+1}|y_{1:t})$ を求める．$t \leftarrow t+1$ としてステッ

$$
\begin{array}{ccccccccc}
p(x_1) & \rightarrow & p(x_2) & \rightarrow & p(x_3) & \rightarrow & p(x_4) & \rightarrow \\
\Downarrow & & & & & & & \\
p(x_1|y_1) & \rightarrow & p(x_2|y_1) & \rightarrow & p(x_3|y_1) & \rightarrow & p(x_4|y_1) & \rightarrow \\
& & \Downarrow & & & & & \\
p(x_1|y_{1:2}) & \leftarrow & p(x_2|y_{1:2}) & \rightarrow & p(x_3|y_{1:2}) & \rightarrow & p(x_4|y_{1:2}) & \rightarrow \\
& & & & \Downarrow & & & \\
p(x_1|y_{1:3}) & \leftarrow & p(x_2|y_{1:3}) & \leftarrow & p(x_3|y_{1:3}) & \rightarrow & p(x_4|y_{1:3}) & \rightarrow \\
& & & & & & \Downarrow &
\end{array}
$$

図 **7.2** 逐次ベイズ推定のまとめ．矢印の向きに沿って状態の事後分布が求められる．矢印はそれぞれ "→" 予測 (7.14)，"⇓" ベイズ更新 (7.15)，"←" 平滑化 (7.19) を表す．

プ 2 へ．

また 時点 T までの観測データ $y_{1:T}$ が与えられた下で，この区間内の平滑化分布 $p(x_t|y_{1:T})$ $(t = 1, 2, \ldots, T)$ を求めることを**固定区間平滑化**という．すべての観測データが得られた後に各時点（過去の時点）の状態を推定するので，これはオフライン[14]推定である．平滑化はフィルタリングに比べて多くの観測情報を用いるので，より精度の良い推定が期待できる[15]．平滑化分布 $p(x_t|y_{1:T})$ は図 7.2 の左向きの矢印に沿って時間逆方向 $t = T, T-1, \ldots, 1$ の順に求められる．ただし，平滑化分布を計算するためには T 時点までのフィルタリング分布と予測分布が必要なので，先にフィルタリングを実行してこれらを求めておく必要がある．まとめるとアルゴリズムは以下のようになる．

固定区間平滑化：**fixed-interval smoothing**

[14] 時系列データ全体を使って処理すること．バッチ処理．
[15] 観測ノイズの影響が抑えられてより滑らかな推定になる．

1. 観測データ $y_{1:T}$ に対してフィルタリングを実行する．

2. 最後のステップで求めたフィルタリング分布 $p(x_T|y_{1:T})$ から始めて $t = T-1, T-2, \ldots, 1$ の順に以下を計算する．

$$
p(x_t|y_{1:T}) = p(x_t|y_{1:t}) \int \frac{p(x_{t+1}|y_{1:T})p(x_{t+1}|x_t)}{p(x_{t+1}|y_{1:t})} dx_{t+1}
\tag{7.20}
$$

7.2.5 周辺尤度

観測データ $y_{1:T}$ が与えられたときの θ の周辺尤度は，確率の積の法則より

$$p_{\boldsymbol{\theta}}(y_{1:T}) = \prod_{t=1}^{T} p_{\boldsymbol{\theta}}(y_t|y_{1:t-1}) \qquad (7.21)$$

と展開できる．ここで $p_{\boldsymbol{\theta}}(y_t|y_{1:t-1})$ は観測値の予測分布 (7.16) であり，フィルタリングで求められる．(7.21) の対数を取ると，対数周辺尤度は予測分布の対数の累和で表される．

$$\ell(\boldsymbol{\theta}) = \sum_{t=1}^{T} \log p_{\boldsymbol{\theta}}(y_t|y_{1:t-1}) \qquad (7.22)$$

対数周辺尤度はこの公式に基づいて計算することができる．

7.3 ガウス近似アルゴリズム

　前節では状態の事後分布の漸化式を導いた．これにより状態推定を繰り返し計算に帰着でき，オンライン推定（フィルタリング）やオフライン推定（平滑化），予測を統一的に扱うことができるようになった（図7.2）．また，周辺尤度も同じ状態推定の中で求められることがわかった．

　与えられた状態空間モデルに対して実際に状態推定を行うには，一連の公式を数値的に計算する必要がある．本節と次節でこれらを計算するアルゴリズムを紹介する．モデルによって有効なアルゴリズムが異なるが[16]，本節では状態モデルが**線形ガウスモデル**で与えられる場合に有効なアルゴリズムを紹介する．

　線形ガウスモデルは次の多次元ガウス分布で与えられる．

$$p(x_{t+1}|x_t)$$
$$= \frac{1}{(2\pi|Q|)^{d/2}} \exp\left\{ -\frac{1}{2}(x_{t+1} - Fx_t)^{\mathsf{T}} Q^{-1}(x_{t+1} - Fx_t) \right\}$$
$$(7.23)$$

状態 x_t は d 次元の縦ベクトルであるとし，係数行列 F と分散共分散行列 Q のサイズは $d \times d$ である[17]．(7.23) は次の線形差分方程式で表すこともできる．

$$x_{t+1} = Fx_t + \xi_t \qquad (7.24)$$

ここで ξ_t は平均 0，分散共分散行列 Q の多次元ガウス分布に従

16) 最も有名なアルゴリズムはカルマンフィルタ（予測・平滑化を含む）である [27,31]．ただし，カルマンフィルタは観測モデルと状態モデルが共に線形ガウスモデルで与えられる場合（いわゆる "線形ガウス状態空間モデル"）に適用できるアルゴリズムである．ここでは，観測モデルはイベント時系列モデルで与えられる（したがって，線形ガウスモデルではない）ので，カルマンフィルタをそのまま適用することはできない．

線形ガウスモデル：linear Gaussian model

17) ランダムウォークモデル (7.11) は $d = 1$, $F = 1$, $Q = \sigma^2$ の場合になる．

う白色ノイズである．本節で紹介するガウス近似アルゴリズムは，
状態モデルが線形ガウスモデルで与えられる場合に，逐次ベイズ
公式を効率的に近似計算するアルゴリズムである．

ガウス近似アルゴリズムの要点は，状態の事後分布をガウス分
布で近似することである．ガウス分布は平均ベクトルと分散共分
散行列で決まるので，アルゴリズムはそれらの逐次的な計算に帰
着される．以下では，ガウス近似された事後分布 $p(x_s|y_{1:t})$ の平
均ベクトルと分散共分散行列をそれぞれ $x_{s|t}$ および $V_{s|t}$ で表すこ
とにする．

7.3.1　予測分布

予測の公式 (7.13) において状態モデル $p(x_{t+1}|x_t)$ がガウス分布
(7.23) で与えられ，フィルタリング分布 $p(x_t|y_{1:t})$ が平均ベクト
ル $x_{t|t}$ および分散共分散行列 $V_{t|t}$ のガウス分布で与えられると，
積分した結果もガウス分布になり，平均ベクトルと分散共分散行
列はそれぞれ

$$x_{t+1|t} = Fx_{t|t} \tag{7.25}$$

$$V_{t+1|t} = FV_{t|t}F^{\mathsf{T}} + Q \tag{7.26}$$

となる（導出は補足 7.5.1 項を参照）．k 期先の予測分布 (7.14) の
平均ベクトルと分散共分散行列も同様にして

$$x_{t+k|t} = Fx_{t+k-1|t} \tag{7.27}$$

$$V_{t+k|t} = FV_{t+k-1|t}F^{\mathsf{T}} + Q \tag{7.28}$$

と求められる．

7.3.2　フィルタリング分布

フィルタリング分布 (7.15) を，そのモード（最頻値）を平均ベ
クトルとするガウス分布で近似する[18]．フィルタリング分布の対
数を $l(x_t)$ とおき，$p(x_t|y_{1:t-1})$ が平均ベクトル $x_{t|t-1}$ と分散共分
散行列 $V_{t|t-1}$ のガウス分布であることを考慮すると

[18]　ラプラス近似
(Laplace approximation) という．

$$\begin{aligned} l(x_t) &= \log p(y_t|x_t) + \log p(x_t|y_{1:t-1}) - \log p(y_t|y_{1:t-1}) \\ &= \log p(y_t|x_t) - \frac{1}{2}(x_t - x_{t|t-1})^{\mathsf{T}}V_{t|t-1}^{-1}(x_t - x_{t|t-1}) \end{aligned} \tag{7.29}$$

ここで x_t に依存しない項は無視した．フィルタリング分布のモード $x_t = x_{t|t}$ は $l(x_t)$ の最大値を与える点であるから，$l(x_t)$ の勾配ベクトルを

$$\nabla_x l(x_t) = \nabla_x \log p(y_t|x_t) - V_{t|t-1}^{-1}(x_t - x_{t|t-1}) \tag{7.30}$$

とすると

$$\nabla_x l(x_{t|t}) = 0 \tag{7.31}$$

を満たす．したがって，$l(x_t)$ を $x_{t|t}$ のまわりでテイラー展開して 2 次の項までを取ると

$$l(x_t) \simeq l(x_{t|t}) + \frac{1}{2}(x_t - x_{t|t})^\mathsf{T} \nabla\nabla_x l(x_{t|t})(x_t - x_{t|t}) \tag{7.32}$$

と近似できる．ここで $\nabla\nabla_x l(x_t)$ は $l(x_t)$ のヘッセ行列である．

$$\nabla\nabla_x l(x_t) = \nabla\nabla_x \log p(y_t|x_t) - V_{t|t-1}^{-1} \tag{7.33}$$

(7.32) は x_t の 2 次式なので，これを指数関数の肩に乗せるとガウス分布になり，分散共分散行列は $V_{t|t} = \{-\nabla\nabla_x l(x_{t|t})\}^{-1}$ で与えられる．

$$p(x_t|y_{1:t}) \simeq C \exp\left\{-\frac{1}{2}(x_t - x_{t|t})^\mathsf{T} V_{t|t}^{-1}(x_t - x_{t|t})\right\} \tag{7.34}$$

ここで $x_{t|t}$ に依存しない定数因子をまとめて C とおいた．

まとめると，フィルタリング分布 $p(x_t|y_{1:t})$ は平均ベクトルと分散共分散行列がそれぞれ

$$x_{t|t} = \arg\max_{x_t} l(x_t) \tag{7.35}$$

$$V_{t|t} = \{-\nabla\nabla_x l(x_{t|t})\}^{-1} \tag{7.36}$$

のガウス分布で近似される．

7.3.3 平滑化分布

(7.19) の右辺に現れる確率分布がすべてガウス分布であると，平滑化分布 $p(x_s|y_{1:t})$ もガウス分布になり，平均ベクトルと分散共分散行列はそれぞれ

$$x_{s|t} = x_{s|s} + C_s(x_{s+1|t} - x_{s+1|s}) \tag{7.37}$$

$$V_{s|t} = V_{s|s} + C_s(V_{s+1|t} - V_{s+1|s})C_s^\mathsf{T} \qquad (7.38)$$

と求められる．ここで

$$C_s = V_{s|s}F^\mathsf{T}V_{s+1|s}^{-1} \qquad (7.39)$$

である（導出は補足 7.5.2 項を参照）．

7.3.4　フィルタリングと固定区間平滑化アルゴリズム

　初期状態の分布 $p(x_1)$ をガウス分布で与えると，図 7.2 の矢印に沿って順々に予測分布，フィルタリング分布，平滑化分布が求められる．ポイントは，新しい観測値が得られるたびに毎回フィルタリング分布をガウス分布で近似することだ[19]．状態モデルが線形ガウスモデルなので，予測分布と平滑化分布もガウス分布になり，アルゴリズムは平均ベクトルと分散共分散行列の計算に帰着される．ガウス近似に基づくフィルタリングと固定区間平滑化アルゴリズムは以下にまとめられる．

[19] この近似の正当性については [10] で詳しく論じられている．大雑把に言うと，観測モデルの確率分布が単峰性で歪みが小さいほど近似の精度は良い．本書で扱うモデルに対しては十分に精度良く近似できる．

1. （初期化）　平均ベクトル $x_{1|0} = x_1$ と分散共分散行列 $V_{1|0} = V_1$ を与える．

2. （フィルタリング）　$t = 1, 2, \ldots, T$ の順に以下を計算する．

$$x_{t|t} = \arg\max_{x_t} l(x_t) \qquad (7.40)$$

$$V_{t|t} = \{-\nabla\nabla_x l(x_{t|t})\}^{-1} \qquad (7.41)$$

$$x_{t+1|t} = Fx_{t|t} \qquad (7.42)$$

$$V_{t+1|t} = FV_{t|t}F^\mathsf{T} + Q \qquad (7.43)$$

ここで

$$l(x_t) = \log p(y_t|x_t) - \frac{1}{2}(x_t - x_{t|t-1})^\mathsf{T}V_{t|t-1}^{-1}(x_t - x_{t|t-1}) \qquad (7.44)$$

3. （平滑化）　フィルタリングの最後で求めた $x_{T|T}$ と $V_{T|T}$ から始めて $T = t - 1, t - 2, \ldots, 1$ の順に以下を計算する．

$$x_{t|T} = x_{t|t} + C_t(x_{t+1|T} - x_{t+1|t}) \qquad (7.45)$$

$$V_{t|T} = V_{t|t} + C_t(V_{t+1|T} - V_{t+1|t})C_t^\mathsf{T} \qquad (7.46)$$

$$C_t = V_{t|t} F^\mathsf{T} V_{t+1|t}^{-1} \qquad (7.47)$$

補足 1：(7.40) の最大化について　フィルタリング分布の平均ベクトル $x_{t|t}$ が満たす方程式 (7.31) が陽に解けない場合は，$l(x_t)$ を数値的に最大化する必要がある．$l(x_t)$ の勾配ベクトル (7.30) とヘッセ行列 (7.33) が与えられているので，ニュートン法を使うことができる．アルゴリズムは以下のとおりである．

1. （初期化）　$x^{(0)} = x_{t|t-1}, \, k = 0$.

2. （更新）　$x^{(k+1)} = x^{(k)} - \{\nabla\nabla_x^2 l(x^{(k)})\}^{-1} \nabla_x l(x^{(k)})$

3. （収束判定）　$|x^{(k+1)} - x^k| < \epsilon$ であれば終了し $x_{t|t} = x^{(k+1)}$ とする．そうでなければ $k \leftarrow k+1$ として 2 へ．

補足 2：フィルタリングの初期化について　初期状態の分布の分散共分散行列 V_1 は初期値 x_1 についての"不確かさ"を表すので，これを大きく取ると初期値の影響を小さくすることができる．特に $V_1 = \sigma_1^2 I$（I は単位行列）として $\sigma_1^2 \to \infty$ としたものを**拡散事前分布**という．このとき，初期状態の対数事後分布 (7.44) は対数尤度 $l(x_1) = \log p(y_1|x_1)$ になり，初期状態の推定値をデータのみから決めることができる．

拡散事前分布：**diffuse prior**

　最後に**カルマンフィルタ**との関係を指摘しておこう．観測モデルが線形ガウスモデル[20]

カルマンフィルタ：**Kalman filter**
[20] 観測値 y_t は r 次元ベクトル，H は $r \times d$ 行列，R は $r \times r$ 分散共分散行列とする．

$$p(y_t|x_t) = \frac{1}{(2\pi|R|)^{r/2}} \exp\left\{-\frac{1}{2}(y_t - Hx_t)^\mathsf{T} R^{-1}(y_t - Hx_t)\right\} \qquad (7.48)$$

で与えられるとき，(7.40)–(7.41) は

$$x_{t|t} = x_{t|t-1} + K_t(y_t - Hx_{t|t-1}) \qquad (7.49)$$

$$V_{t|t} = V_{t|t-1} - K_t H_t V_{t|t-1} \qquad (7.50)$$

$$K_t = V_{t|t-1} H^\mathsf{T}(HV_{t|t-1}H^\mathsf{T} + R)^{-1} \qquad (7.51)$$

となり，カルマンフィルタに帰着する．ガウス近似アルゴリズムはカルマンフィルタを特別な場合に含み，非ガウス観測モデルに拡張したものと見なすことができる．

7.3.5 周辺尤度

周辺尤度 (7.21) の計算に必要なのは (7.16) の積分である. この積分は**ガウス・エルミート求積法**[21]で数値的に計算できる. 状態 x_t が 1 次元の場合で周辺尤度の計算方法を説明しよう. ガウス近似アルゴリズムにより, 予測分布 $p_{\boldsymbol{\theta}}(x_t|y_{1:t-1})$ は平均 $x_{t|t-1}$ と分散 $V_{t|t-1}$ のガウス分布で与えられるから,

ガウス・エルミート求積法：**Gauss-Hermite quadrature**.
[21] 7.5.3 項を参照.

$$\int_{-\infty}^{\infty} p_{\boldsymbol{\theta}}(y_t|x_t)p_{\boldsymbol{\theta}}(x_t|y_{1:t-1})dx_t$$

$$= \frac{1}{\sqrt{2\pi V_{t|t-1}}} \int_{-\infty}^{\infty} p_{\boldsymbol{\theta}}(y_t|x_t) \exp\left\{-\frac{(x_t - x_{t|t-1})^2}{2V_{t|t-1}}\right\} dx_t$$

$$= \frac{1}{\sqrt{\pi}} \int_{-\infty}^{\infty} p_{\boldsymbol{\theta}}(y_t|(2V_{t|t-1})^{\frac{1}{2}}u + x_{t|t-1})e^{-u^2} du$$

$$\approx \frac{1}{\sqrt{\pi}} \sum_{k=1}^{m} w_k p_{\boldsymbol{\theta}}(y_t|(2V_{t|t-1})^{\frac{1}{2}}u_k + x_{t|t-1}) \qquad (7.52)$$

と計算できる. ここで $\{u_k\}_{k=1}^{m}$ と $\{w_k\}_{k=1}^{m}$ はガウス・エルミート求積法の分点と重みである. これを用いると, 対数周辺尤度は

$$\ell(\boldsymbol{\theta}) = \log p_{\boldsymbol{\theta}}(y_{1:T})$$

$$= \sum_{t=1}^{T} \log \frac{1}{\sqrt{\pi}} \sum_{k=1}^{m} w_k p_{\boldsymbol{\theta}}(y_t|(2V_{t|t-1})^{\frac{1}{2}}u_k + x_{t|t-1}) \quad (7.53)$$

となる[22]. これを計算するには, まずガウス近似フィルタリングを実行して $x_{t|t-1}$ と $V_{t|t-1}$ $(t = 1, \ldots, T)$ を求める必要があることに注意する. (7.53) の最大化には導関数を必要としない最適化アルゴリズムを利用すればよい[23].

[22] 拡散事前分布 $V_{1|0} = \infty$ を用いた場合は, (7.53) の和は $t = 2, \ldots, T$ について取る.

[23] 例えばネルダー・ミード法 (Nelder-Mead) など [16].

7.3.6 具体例

それでは, (7.1) と (7.11) の状態空間モデルに対してガウス近似アルゴリズムを実装してみよう. この例では変数はすべてスカラーであり, 推定すべきパラメータはランダムウォークモデルの分散 σ^2 である. このモデルに対する (7.44) は不要な項を除いて

$$l(x_t) = y_t x_t - e^{x_t} - \frac{(x_t - x_{t|t-1})^2}{2V_{t|t-1}} \qquad (7.54)$$

で与えられるので, 1 階および 2 階導関数はそれぞれ

$$\nabla_x l(x_t) = y_t - e^{x_t} - \frac{x_t - x_{t|t-1}}{V_{t|t-1}} \tag{7.55}$$

$$\nabla\nabla_x l(x_t) = -e^{x_t} - \frac{1}{V_{t|t-1}} \tag{7.56}$$

と求められる. また, フィルタリングの初期分布に拡散事前分布を用いると, 初期状態の推定値はデータから $x_{1|1} = \log y_1$, $V_{1|1} = 1/y_1$ と求められる. まとめると, フィルタリングおよび固定区間平滑化アルゴリズムは以下のようになる.

1. （初期化） $x_{1|1} = \log y_1$, $V_{1|1} = 1/y_1$.

2. （フィルタリング） $t = 2, 3, \ldots, T$ の順に以下を計算する.

$$x_{t|t-1} = x_{t-1|t-1} \tag{7.57}$$

$$v_{t|t-1} = V_{t-1|t-1} + \sigma^2 \tag{7.58}$$

$$x_{t|t} = \arg\max_{x_t} l(x_t) \tag{7.59}$$

$$V_{t|t} = \frac{V_{t|t-1}}{V_{t|t-1}e^{x_{t|t}} + 1} \tag{7.60}$$

ここで, (7.59) の最大化にはニュートン法を使う.

3. （平滑化） フィルタリングの最後のステップで求めた $x_{T|T}$, $V_{T|T}$ から始めて以下を $t = T - 1, T - 2, \ldots, 1$ の順に計算する.

$$x_{t|T} = x_{t|t} + C_t(x_{t+1|T} - x_{t+1|t}) \tag{7.61}$$

$$V_{t|T} = V_{t|t} + C_t^2(V_{t+1|T} - V_{t+1|t}) \tag{7.62}$$

$$C_t = V_{t|t}/V_{t+1|t} \tag{7.63}$$

図 7.3 にアルゴリズムをシミュレーションデータに適用した結果を示す. 棒グラフで示されたデータは, 点線で示された頻度パラメータを持つポアソンカウント時系列から生成した. このデータに対して対数周辺尤度 (7.53) を最大化するパラメータ値 $\hat{\sigma}^2$ をネルダー・ミード法で求め, この値を用いて状態の推定値 $x_{t|T}$ と分散 $V_{t|T}$ $(t = 1, \ldots, T)$ を求めた. これらから頻度パラメータ $\lambda_t = e^{x_t}$ の事後期待値と 95%信用区間が求められる（図 7.3 の実線および灰色の領域）. データの不規則な変動が抑えられ, 真の

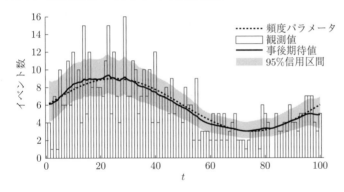

図 7.3 ポアソンカウント時系列のシミュレーションとガウス近似アルゴリズムによる頻度パラメータの推定.

頻度パラメータをよく捉えた滑らかな推定ができていることがわかる.

7.4 粒子フィルタ・平滑化

7.4.1 非ガウスモデル

状態モデルに用いたガウス分布 (7.11) は，密度が平均の周りに局在した分布であり，平均から大きく外れた値が出現する確率は極めて小さい．このため，ガウス分布を用いたモデルは状態の突発的な変化を抑えて滑らかな変化を表現する．一方，状態モデルに裾の重い分布を用いると，状態の不連続な変化を許容するモデルになる．**コーシー分布**はそのような分布のひとつである．

コーシー分布：
Cauchy distribution

コーシー分布を持つランダムウォークモデルは次で与えられる．

$$p(x_t|x_{t-1}) = \frac{1}{\pi} \frac{\gamma}{(x_t - x_{t-1})^2 + \gamma^2} \qquad (7.64)$$

ここで x_{t-1} は中央値，$\gamma(>0)$ はスケールパラメータである．コーシー分布は平均と分散が定義されない（発散する）ため，ガウス近似アルゴリズムは適用できない．ここでは，このようなモデルに対応できる粒子フィルタと平滑化を紹介する[24].

24) 粒子フィルタ・平滑化については [26] に詳しい解説がある.

7.4.2 粒子フィルタ

粒子フィルタは，逐次ベイズ公式をサンプル（粒子）の集まりで近似して計算する方法である．時点 $t-1$ のフィルタリング分布 $p(x_{t-1}|y_{1:t-1})$ に従う M 個の粒子 $\{x_{t-1|t-1}^{(i)}\}_{i=1}^M$ が準備されているとする．すなわち

$$p(x_{t-1}|y_{1:t-1}) \approx \frac{1}{M}\sum_{i=1}^M \delta(x_{t-1} - x_{t-1|t-1}^{(i)}) \qquad (7.65)$$

となっているとする[25]．

予測分布 $p(x_t|y_{1:t-1})$ に従う粒子は，各粒子 $x_{t-1|t-1}^{(i)}$ を状態遷移確率に従って更新することで得られる：

$$x_{t|t-1}^{(i)} \sim p(x_t|x_{t-1|t-1}^{(i)}) \quad (i=1,\ldots,M) \qquad (7.66)$$

これらの粒子による予測分布の近似

$$p(x_t|y_{1:t-1}) \approx \frac{1}{M}\sum_{i=1}^M \delta(x_t - x_{t|t-1}^{(i)}) \qquad (7.67)$$

をベイズ更新の公式 (7.15) に代入すると，フィルタリング分布は

$$\begin{aligned}
p(x_t|y_{1:t}) &= \frac{p(y_t|x_t)p(x_t|y_{1:t-1})}{\int p(y_t|x_t)p(x_t|y_{1:t-1})dx_t}\\
&\approx \frac{p(y_t|x_t)\frac{1}{M}\sum_{i=1}^M \delta(x_t - x_{t|t-1}^{(i)})}{\int p(y_t|x_t)\frac{1}{M}\sum_{j=1}^M \delta(x_t - x_{t|t-1}^{(j)})dx_t}\\
&= \sum_{i=1}^M \frac{w_t^{(i)}}{\sum_{j=1}^M w_t^{(j)}}\delta(x_t - x_{t|t-1}^{(i)}) \qquad (7.68)
\end{aligned}$$

と表される[26]．ここで $w_t^{(i)} = p(y_t|x_{t|t-1}^{(i)})$ は $x_{t|t-1}^{(i)}$ の尤度（重み）である．(7.68) は相対的な重み $w_t^{(i)}/\sum_{j=1}^M w_t^{(j)}$ を持つ粒子 $x_{t|t-1}^{(i)}$ $(i=1,\ldots,M)$ でフィルタリング分布を近似しているので，これら M 個の粒子を重みに従ってリサンプリング（復元抽出）したものを $\{x_{t|t}^{(i)}\}_{i=1}^M$ とすると，これらの粒子もフィルタリング分布を近似する．

$$p(x_t|y_{1:t}) \approx \frac{1}{M}\sum_{i=1}^M \delta(x_t - x_{t|t}^{(i)}) \qquad (7.69)$$

[25] $\delta(x)$ はディラックのデルタ関数．

[26] 2 行目から 3 行目への変形では $x_t = x_{t|t-1}^{(i)}$ $(i=1,\ldots,M)$ においてのみ値を持つことを用いた．

時点 $t-1$ のフィルタリング分布の粒子 (7.65) から時点 t のフィルタリング分布の粒子 (7.69) が得られた．これを時間順に繰り返すのが粒子フィルタである．アルゴリズムは以下のようにまとめられる．

1. 初期分布から M 個の粒子 $\{x_{0|0}^{(i)}\}_{i=1}^{M}$ を生成する．

2. $t = 1, \ldots, T$ の順に以下のステップを実行する．

   (a) $i = 1, \ldots, M$ に対して

      i. 状態モデルから粒子 $x_{t|t-1}^{(i)} \sim p(x_t|x_{t-1|t-1}^{(i)})$ を生成する．

      ii. 観測モデルから重み $w_t^{(i)} = p(y_t|x_{t|t-1}^{(i)})$ を計算する．

   (b) 重み $\{w_t^{(i)}\}_{i=1}^{M}$ に比例して粒子 $\{x_{t|t-1}^{(i)}\}_{i=1}^{M}$ をリサンプリングする．リサンプリングされた粒子を $\{x_{t|t}^{(i)}\}_{i=1}^{M}$ とする．

各時点のフィルタリング分布は M 個の粒子 $\{x_{t|t}^{(i)}\}_{i=1}^{M}$ で表されているので，状態の推定値はこれらの粒子から計算することができる．フィルタリング分布の代表値は粒子の平均値もしくは中央値として求められ，信用区間も同様に対応する分位点で求められる．

7.4.3 粒子平滑化

ここで紹介する粒子平滑化は以下の式に基づく．

$$p(x_{1:t}|y_{1:t}) = \frac{p(y_t|x_t)p(x_{1:t}|y_{1:t-1})}{p(y_t|y_{1:t-1})} \tag{7.70}$$

ここで右辺分子の $p(x_{1:t}|y_{1:t-1})$ は

$$p(x_{1:t}|y_{1:t-1}) = p(x_t|x_{1:t-1})p(x_{1:t-1}|y_{1:t-1})$$
$$= p(x_t|x_{t-1})p(x_{1:t-1}|y_{1:t-1}) \tag{7.71}$$

と分解できるので，(7.70) と合わせると $p(x_{1:t}|y_{1:t})$ の漸化式になる．この漸化式に基づいて $p(x_{1:t}|y_{1:t})$ $(t = 1, \ldots, T)$ を逐次的に求めることができ，全観測データに対して求めると状態系列の同時事後分布 $p(x_{1:T}|y_{1:T})$ が得られる．

(7.70) と (7.71) がそれぞれ (7.15) と (7.13) と同じ形をしてい

ることに着目すると，粒子フィルタと同じ方法でサンプリングできることがわかる．ただし x_t が $x_{1:t}$ に置き換わっているので，時点 t までの粒子を保存しなければならないことに注意する．実際のアルゴリズムでは最初の時点 $t = 1$ からではなく，L 時点前から t までの粒子を保存する．このとき，L 時点先までの観測値に基づく推定値になるので，これを**固定ラグ平滑化**と呼ぶ．一般に L は 20 から 30 程度の大きさにすることが多い[27]．アルゴリズムは以下のようにまとめられる．

固定ラグ平滑化：
fixed-lag smoothing

[27] ラグ L を大きく取りすぎると，リサンプリングごとに粒子の多様性が低下し，平滑化分布をうまく構成できなくなることが知られている．詳しくは [25, 26] を参照．

1. 初期分布から M 個の粒子 $\{x_{0|0}^{(i)}\}_{i=1}^M$ を生成する．

2. $t = 1, \ldots, T$ の順に以下のステップを実行する．

   (i) $i = 1, \ldots, M$ に対して

   - 状態モデルから粒子 $x_{t|t-1}^{(i)} \sim p(x_t|x_{t-1|t-1}^{(i)})$ を生成し，配列に加えて

   $$S^{(i)} = \{x_{t-L|t-1}^{(i)}, \ldots, x_{t-1|t-1}^{(i)}, x_{t|t-1}^{(i)}\} \qquad (7.72)$$

   とする．
   - 観測モデルから重み $w_t^{(i)} = p(y_t|x_{t|t-1}^{(i)})$ を計算する．

   (ii) 重み $\{w_t^{(i)}\}_{i=1}^M$ に比例して配列 $\{S^{(i)}\}_{i=1}^M$ をリサンプリングする．リサンプリングされた配列を

   $$S^{(i)} = \{x_{t-L|t}^{(i)}, \ldots, x_{t-1|t}^{(i)}, x_{t|t}^{(i)}\} \quad (i = 1, \ldots, M) \tag{7.73}$$

   とする．

各ステップでリサンプリングされた配列 (7.73) 内の粒子 $x_{t-L|t}^{(i)}$ $(i = 1, \ldots, M)$ が固定ラグ平滑化分布 $p(x_{t-L}|y_{1:t})$ のサンプルになる．粒子フィルタと同様，平滑化分布の平均値や中央値，信用区間はこれらの粒子から求められる．

7.4.4 周辺尤度

周辺尤度 (7.21) を求めるためには (7.16) を計算する必要があったので，(7.67) を代入すると

$$p_{\boldsymbol{\theta}}(y_t|y_{1:t-1}) = \int p_{\boldsymbol{\theta}}(y_t|x_t)p_{\boldsymbol{\theta}}(x_t|y_{1:t-1})dx_t$$

$$\approx \int p_{\boldsymbol{\theta}}(y_t|x_t)\frac{1}{M}\sum_{i=1}^{M}\delta(x_t - x_{t|t-1}^{(i)})dx_t$$

$$= \frac{1}{M}\sum_{i=1}^{M}p_{\boldsymbol{\theta}}(y_t|x_{t|t-1}^{(i)})$$

$$= \frac{1}{M}\sum_{i=1}^{M}w_t^{(i)} \tag{7.74}$$

となり，(7.16) は粒子フィルタの各ステップで求める重みの平均で近似することができる．したがって，対数周辺尤度は

$$\ell(\boldsymbol{\theta}) = \sum_{t=1}^{T}\log p_{\boldsymbol{\theta}}(y_t|y_{1:t-1})$$

$$\approx \sum_{t=1}^{T}\log\frac{1}{M}\sum_{i=1}^{M}w_t^{(i)} \tag{7.75}$$

で求められる．

▌ 7.4.5 具体例

ランダムウォークモデルのガウス分布 (7.11) をコーシー分布 (7.64) に置き換えて粒子平滑化アルゴリズムを実装し，シミュ

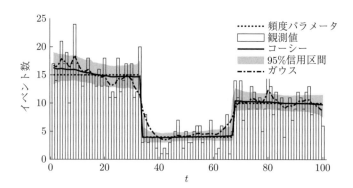

図 **7.4** 不連続な生成頻度を持つポアソンカウント時系列のシミュレーションと頻度推定．実線はコーシー分布に基づく推定値（粒子平滑化）を表し，破線はガウス分布に基づく推定値（ガウス近似）を表す．

レーションデータに適用した結果を図 7.4 に示す.データ(棒グラフ)は不連続に変化する頻度パラメータ(点線)に従って生成した.データから周辺尤度 $\ell(\gamma)$ を最大にするパラメータ値を選び,この値を用いて粒子平滑化(粒子数 $M = 10^6$ 個)で頻度パラメータを推定した.図の実線と灰色の範囲は事後分布の期待値および95%信用区間を表す.推定値は不連続に変化する頻度パラメータをよく捉えている.比較のため,ガウス近似アルゴリズムを同じデータに適用した結果を図に重ねて表示した(破線).ガウス分布モデルは連続的な状態変化を表現するモデルであるため,不連続な変化をシャープに捉えることができていない.

7.5 補足

7.5.1 予測分布の平均ベクトルと分散共分散行列

$p(x_{t+1}|x_t)p(x_t|y_{1:t})$ の指数関数の肩を x_t について平方完成すると

$$-\frac{1}{2}(x_{t+1} - Fx_t)^\mathsf{T} Q^{-1}(x_{t+1} - Fx_t)$$
$$-\frac{1}{2}(x_t - x_{t|t})^\mathsf{T} V_{t|t}^{-1}(x_t - x_{t|t})$$
$$= -\frac{1}{2}\left\{(x_t - b)^\mathsf{T} A(x_t - b) - b^\mathsf{T} Ab + x_{t+1}^\mathsf{T} Q^{-1} x_{t+1}\right\} \quad (7.76)$$

となる.ここで x_t と x_{t+1} を含まない項を無視し,

$$A = F^\mathsf{T} Q^{-1} F + V_{t|t}^{-1} \quad (7.77)$$
$$b = A^{-1}(F^\mathsf{T} Q^{-1} x_{t+1} + V_{t|t}^{-1} x_{t|t}) \quad (7.78)$$

とおいた.したがってガウス積分より

$$p(x_{t+1}|y_{1:t}) = \int p(x_{t+1}|x_t)p(x_t|y_{1:t})dx_t$$
$$\propto \exp\left\{-\frac{1}{2}\left(x_{t+1}^\mathsf{T} Q^{-1} x_{t+1} - b^\mathsf{T} Ab\right)\right\} \quad (7.79)$$

を得る.指数関数の肩は x_{t+1} について 2 次式なのでこれもガウス分布である.平均ベクトルと分散共分散行列は,x_{t+1} について

平方完成することにより求められる.

$$p(x_{t+1}|y_{1:t}) \propto \exp\left\{-\frac{1}{2}(x_{t+1}-x_{t+1|t})^{\mathsf{T}}V_{t+1|t}^{-1}(x_{t+1}-x_{t+1|t})\right\}$$
(7.80)

ここで

$$V_{t+1|t}^{-1} = Q^{-1} - Q^{-1}FA^{-1}F^{\mathsf{T}}Q^{-1}$$
(7.81)

$$x_{t+1|t} = V_{t+1|t}Q^{-1}FA^{-1}V_{t|t}^{-1}x_{t|t}$$
(7.82)

であるが,逆行列の補助定理 (7.83) を用いて変形すると (7.25) と
(7.26) が導かれる.

★ 逆行列の補助定理 行列 $A,\ B,\ C,\ D$ に対して

$$(A+BDC)^{-1} = A^{-1} - A^{-1}B(D^{-1}+CA^{-1}B)^{-1}CA^{-1}$$
(7.83)

7.5.2 平滑化分布の平均ベクトルと分散共分散行列

(7.19) の非積分関数 $p(x_{s+1}|y_{1:t})p(x_{s+1}|x_s)/p(x_{s+1}|y_{1:s})$ の指
数関数の肩を x_{s+1} について平方完成する.

$$-\frac{1}{2}(x_{s+1}-x_{s+1|t})^{\mathsf{T}}V_{s+1|t}^{-1}(x_{s+1}-x_{s+1|t})$$
$$-\frac{1}{2}(x_{s+1}-Fx_s)^{\mathsf{T}}Q^{-1}(x_{s+1}-Fx_s)$$
$$+\frac{1}{2}(x_{s+1}-x_{s+1|s})^{\mathsf{T}}V_{s+1|s}^{-1}(x_{s+1}-x_{s+1|s})$$
$$=-\frac{1}{2}\left\{(x_{s+1}-d)^{\mathsf{T}}L(x_{s+1}-d)-d^{\mathsf{T}}Ld+x_s^{\mathsf{T}}F^{\mathsf{T}}Q^{-1}Fx_s\right\}$$
(7.84)

ここで x_t と x_{t+1} を含まない項を無視し,

$$L = V_{s+1|t}^{-1} - V_{s+1|s}^{-1} + Q^{-1}$$
(7.85)

$$d = L^{-1}(V_{s+1|t}^{-1}x_{s+1|t} - V_{s+1|s}^{-1}x_{s+1|s} + Q^{-1}Fx_s)$$
(7.86)

とおいた.したがってガウス積分より

$$\int \frac{p(x_{s+1}|y_{1:t})p(x_{s+1}|x_s)}{p(x_{s+1}|y_{1:s})}dx_{s+1}$$
$$\propto \exp\left\{-\frac{1}{2}\left(x_s^{\mathsf{T}}F^{\mathsf{T}}Q^{-1}Fx_s - d^{\mathsf{T}}Ld\right)\right\}$$
(7.87)

となる．これを用いると (7.19) 右辺全体は，指数関数の肩が x_s について 2 次式になるのでガウス分布になり，平均ベクトルと分散分散行列は x_s について平方完成することで求められる．

$$p(x_s|y_{1:t}) \propto \exp\left\{-\frac{1}{2}(x_s - x_{s|t})^\mathsf{T} V_{s|t}^{-1}(x_s - x_{s|t})\right\} \quad (7.88)$$

ここで

$$V_{s|t}^{-1} = V_{s|s}^{-1} + F^\mathsf{T}(Q^{-1} - Q^{-1}L^{-1}Q^{-1})F \quad (7.89)$$

$$x_{s|t}^{-1} = V_{s|t}\Big\{V_{s|s}^{-1}x_{s|s} + F^\mathsf{T}Q^{-1}L^{-1}(V_{s+1|t}^{-1}x_{s+1|t}$$
$$- V_{s+1|s}^{-1}x_{s+1|s})\Big\} \quad (7.90)$$

であるが，逆行列の補助定理 (7.83) を用いて変形することで (7.37)–(7.39) が導かれる．

7.5.3 ガウス・エルミート求積法

ガウス・エルミート求積法は，次式の左辺の積分を右辺で近似する数値積分法である [16]．

$$\int_{-\infty}^{\infty} e^{-x^2}f(x)dx \approx \sum_{i=1}^{n} w_i f(x_i) \quad (7.91)$$

ここで x_i $(i = 1,\ldots,n)$ はエルミート多項式 $H_n(x)$ の n 個の零点であり，重みは

$$w_i = \frac{2^{n-1}n!\sqrt{\pi}}{[nH_{n-1}(x_i)]^2} \quad (7.92)$$

で与えられる．

ガウス・エルミート求積法はガウス分布についての期待値を計算するときに便利である．平均 μ および分散 σ^2 のガウス分布についての $f(y)$ の期待値

$$E[f(y)] = \int_{-\infty}^{\infty} \frac{1}{\sqrt{2\pi\sigma^2}}\exp\left\{-\frac{(y-\mu)^2}{2\sigma^2}\right\}f(y)dy \quad (7.93)$$

を計算するためには，$y = \sqrt{2}\sigma x + \mu$ で変数変換すると

$$E[f(y)] = \frac{1}{\sqrt{\pi}}\int_{-\infty}^{\infty} e^{-x^2}f(\sqrt{2}\sigma x + \mu)dx \quad (7.94)$$

となるので，ガウス・エルミート求積法 (7.91) より

$$E[f(y)] \approx \frac{1}{\sqrt{\pi}} \sum_{i=1}^{n} w_i f(\sqrt{2}\sigma x_i + \mu) \qquad (7.95)$$

と求めることができる．

8 ▶ 応用

8.1 ▶ 脳情報デコーディング

脳情報デコーディングとは，脳内の神経活動に表現されている情報を読み取ることである．スパイク発火をイベントと見なすと，神経活動はイベント時系列でモデル化できる．ここでは，状態空間モデルを用いて神経活動から情報をリアルタイムで読み取る方法を紹介する [8].

▌8.1.1 エンコーディング

大脳皮質運動野には，腕や手先の運動方向に選択的に応答する神経細胞がある．このような N 個の神経細胞を考える．i 番目の神経細胞の時点 t におけるスパイク数を y_{it} とし，神経細胞の集団活動が表現する運動の速度を $\boldsymbol{x}_t \in \mathbb{R}^3$ とする．速度 $\boldsymbol{x}_t$ に対して神経細胞集団の活動 $\boldsymbol{y}_t = (y_{1t}, \ldots, y_{Nt})$ を出力する確率モデル $p(\boldsymbol{y}_t|\boldsymbol{x}_t)$ を考えよう．表現したい情報 $\boldsymbol{x}_t$ を神経活動 $\boldsymbol{y}_t$ にエンコード（符号化）するので，エンコーディングモデルという．

i 番目の神経細胞のスパイク発火頻度を

$$\lambda_i(\boldsymbol{x}_t) = \exp(\alpha_i + \boldsymbol{x}_t^\mathsf{T} \boldsymbol{\beta}_i) \tag{8.1}$$

とする．α_i はベースラインの発火頻度を決めるパラメータであり，$\boldsymbol{\beta}_i \in \mathbb{R}^3$ は神経細胞の選好方向 (preferred direction) を表す[1]．スパイク数 y_{it} は，期待値パラメータが (8.1) で与えられるポアソン分布に従うとする．

[1] $\boldsymbol{x}_t$ が $\boldsymbol{\beta}_i$ と同じ方向を向いているほど発火頻度は大きくなる．

$$p(y_{it}; \lambda_i(\boldsymbol{x}_t)) = \frac{\lambda_i(\boldsymbol{x}_t)^{y_{it}}}{y_{it}!} e^{-\lambda_i(\boldsymbol{x}_t)} \tag{8.2}$$

N 個の神経細胞のスパイク発火は互いに独立であるとすると，エンコーディングモデルは

$$p(\boldsymbol{y}_t|\boldsymbol{x}_t) = \prod_{i=1}^{N} p(y_{it}; \lambda_i(\boldsymbol{x}_t)) \tag{8.3}$$

となる．なお，$\{\boldsymbol{x}_t\}$ を共変量と見なすとこのモデルはポアソン回帰モデルになるので，神経細胞の特性を決めるパラメータ α_i と β_i は $\{\boldsymbol{x}_t\}$ と $\{\boldsymbol{y}_t\}$ の時系列データから一般化線形モデルの枠組みで推定できる（6.1 節）．

8.1.2 デコーディング

デコーディング（復号化）は，観測されたスパイク時系列データ $\{\boldsymbol{y}_t\}$ から運動の速度 $\{\boldsymbol{x}_t\}$ を推定することであり，$\{\boldsymbol{y}_t\}$ が与えられた下での $\{\boldsymbol{x}_t\}$ の条件付き確率（デコーディングモデル）に基づいて行われる．デコーディングモデルはベイズの定理より求められるが，これを時系列に対して逐次的に行うのが逐次ベイズ推定である．

デコーディングを状態空間モデルで定式化しよう．エンコーディングモデル (8.3) を観測モデルとし，速度変化の等方的な滑らかさを表現する 3 次元ランダムウォークモデルを状態モデルとする．

$$p(\boldsymbol{x}_t|\boldsymbol{x}_{t-1}) = \frac{1}{(2\pi\sigma^2)^{3/2}} \exp\left\{-\frac{1}{2\sigma^2}(\boldsymbol{x}_t - \boldsymbol{x}_{t-1})^{\mathsf{T}}(\boldsymbol{x}_t - \boldsymbol{x}_{t-1})\right\} \tag{8.4}$$

新しいスパイクデータが得られるたびに推定を更新するリアルタイムデコーディングはフィルタリングで与えられ，状態空間モデル (8.3)–(8.4) に対してはガウス近似アルゴリズムで実装できる（7.3 節）．このモデルに対してアルゴリズムの実装に必要なものは

$$l(\boldsymbol{x}_t) = \sum_{i=1}^{N}\{y_{it}\log\lambda_i(\boldsymbol{x}_t) - \lambda_i(\boldsymbol{x}_t)\}$$
$$\qquad\qquad - \frac{1}{2}(\boldsymbol{x}_t - \boldsymbol{x}_{t|t-1})^{\mathsf{T}}V_{t|t-1}^{-1}(\boldsymbol{x}_t - \boldsymbol{x}_{t|t-1}) \tag{8.5}$$

$$\nabla_{\boldsymbol{x}}l(\boldsymbol{x}_t) = \sum_{i=1}^{N}\{y_{it} - \lambda_i(\boldsymbol{x}_t)\}\beta_i - V_{t|t-1}^{-1}(\boldsymbol{x}_t - \boldsymbol{x}_{t|t-1}) \tag{8.6}$$

$$\nabla\nabla_{\boldsymbol{x}}l(\boldsymbol{x}_t) = -\sum_{i=1}^{N}\lambda_i(\boldsymbol{x}_t)\beta_i\beta_i^{\mathsf{T}} - V_{t|t-1}^{-1} \tag{8.7}$$

であり，アルゴリズムは以下にまとめられる．

1. 初期値 $\boldsymbol{x}_{1|0}, V_{1|0}$ を与えて $t = 1$ とする．

2. 新しい観測値 $\boldsymbol{y}_t$ を用いて以下を計算する．

$$\boldsymbol{x}_{t|t} = \arg\max_{\boldsymbol{x}_t} l(\boldsymbol{x}_t) \tag{8.8}$$

$$V_{t|t} = \{-\nabla\nabla_{\boldsymbol{x}} l(\boldsymbol{x}_{t|t})\}^{-1} \tag{8.9}$$

$$\boldsymbol{x}_{t+1|t} = \boldsymbol{x}_{t|t} \tag{8.10}$$

$$V_{t+1|t} = V_{t|t} + \sigma^2 I \tag{8.11}$$

ここで，(8.8) の最大化はニュートン法で実行する．

3. $t \leftarrow t + 1$ として 2 へ．

8.1.3 データ解析

　解析するデータはサルの大脳皮質運動野から記録された神経活動である [8]．サルは 3D バーチャル空間上のコンピュータカーソルを手先の動作でコントロールし，カーソルを立方体の中心位置から 8 つの角に位置するターゲットに当てるタスクを行う．運動野に埋め込まれた多電極により，タスク実行中のサルから神経細胞集団の活動が記録される．データは，78 個の神経細胞の 0.03 秒間隔で集計されたスパイク数と，同じ間隔でサンプリングしたカーソル位置から算出された速度の時系列からなる．ターゲットのひとつに当てるタスクを 1 試行とする．

　まず，8 つの試行を含む学習データからパラメータを推定した．各神経細胞のベースライン発火頻度 α_i と選好方向 $\boldsymbol{\beta}_i$ はスパイク数とカーソル速度からポアソン回帰で推定し，状態モデルのノイズパラメータ σ^2 は最尤法で推定した．推定したパラメータを用いてテストデータからカーソル速度をフィルタリングアルゴリズムでデコードした結果を図 8.1 に示す．実際のカーソル速度が推定値の 95％信用区間に含まれており，この精度でデコードできていることがわかる．

8.1.4 ブレイン・コンピュータ・インタフェースへの応用

　データ解析では，手先の動作によってコントロールされたカー

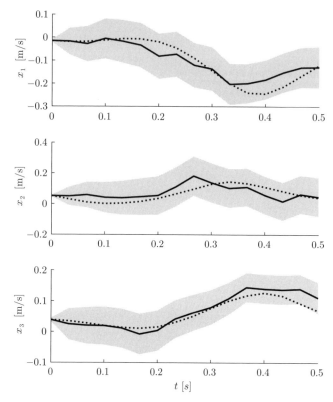

図 **8.1** カーソル速度のデコーディング結果. 点線と実線はそれぞれ実際のカーソル速度と推定した速度を表し, 灰色の範囲は推定値の 95%信用区間を表す.

ソル速度 $\{x_t\}$ を神経活動 $\{y_t\}$ からデコードした. 一方, $\{x_t\}$ を"操作の意図" として神経活動からデコードし, 読み取った意図を制御信号にすると, 神経活動からカーソルを直接操作するブレイン・コンピュータ・インタフェースができる. 実際にサルを訓練すると, 手先の動作を伴わずに, 神経活動から直接にコンピュータカーソルを操作できることが実証されている [7].

ブレイン・コンピュータ・インタフェース：brain–computer interface (BCI)

8.2 イベント生成パターンを特徴付ける

イベントが生じた後に次にどのタイミングで生じるかは, 時系

列のパターンを決める重要な特性である．同じ頻度でも，規則的
に発生するかランダムに発生するかで時系列の特徴は大きく異な
る．ここでは，時間的に不均一なイベント時系列データからこの
特性を推定する方法を解説する．

8.2.1 非一様リニューアル過程によるモデリング

イベントが生じた直後に次にどのタイミングで起こるかは，イ
ベント間隔分布で表すことができる．例えば，イベントがランダ
ムなタイミングで発生するときはイベント間隔は指数分布に従い，
規則的なタイミングで発生するときは平均の周りに鋭く尖った分
布に従う．このようなイベント間隔分布で記述される点過程はリ
ニューアル過程であった．さらに発生頻度が時間的に不均一なと
き，イベント時系列は非一様リニューアル過程でモデル化できる
(5.1.3 項)．

ガンマ分布をイベント間隔分布に持つ非一様リニューアル過程
を考えると，ガンマ分布 (5.25) の形を決めるシェイプパラメー
タ κ がイベント生成パターンの特性を表し，平均強度関数 $\lambda(t)$
が時間的な不均一性を表す．解くべき問題は，時間区間 $(0, T]$ に
観測されたイベント時系列データ $\{t_i\} = \{t_1, \ldots, t_n\}$ から κ と
$\{\lambda(t)\} = \{\lambda(t) : 0 \leq t \leq T\}$ を推定することである．

データ $\{t_i\}$ に対する $\{\lambda(t)\}$ の尤度は (5.5) より以下で与えら
れる．

$$p_\kappa(\{t_i\}|\{\lambda(t)\}) = p(t_1)\left\{\prod_{i=2}^n p(t_i|t_{i-1})\right\}\overline{F}(T|t_n) \qquad (8.12)$$

データから $\{\lambda(t)\}$ を推定するために，変動の度合いについての事
前分布を導入しよう．

$$p_\gamma(\{\lambda(t)\}) \propto \exp\left[-\frac{1}{2\gamma^2}\int_0^T\left\{\frac{d\lambda(t)}{dt}\right\}^2 dt\right] \qquad (8.13)$$

ここで "$\propto$" は定数因子を除いて等しいという意味である．$\lambda(t)$ の
変化が大きいほど確率は小さくなり，その度合いはパラメータ γ
が決める．ベイズの定理より，(8.12) と (8.13) から $\{\lambda(t)\}$ の事
後分布が得られる．

$$p_{\kappa,\gamma}(\{\lambda(t)\}|\{t_i\}) = \frac{p_\kappa(\{t_i\}|\{\lambda(t)\})p_\gamma(\{\lambda(t)\})}{p_{\kappa,\gamma}(\{t_i\})} \qquad (8.14)$$

ここで分母の

$$p_{\kappa,\gamma}(\{t_i\}) = \int p_\kappa(\{t_i\}|\{\lambda(t)\})p_\gamma(\{\lambda(t)\})D\{\lambda(t)\} \quad (8.15)$$

はパラメータ $\{\kappa,\gamma\}$ の周辺尤度である[2]．(8.15) を最大化するこ
とでパラメータの推定値 $\{\hat\kappa,\hat\gamma\}$ を求め，事後分布 (8.14) から平均
強度関数の事後期待値 $\{\hat\lambda(t)\}$ が求められる．

[2] 式 (8.15) の $\int D\{\lambda(t)\}$ は経路積分を表す [11]．

▌8.2.2 状態空間表現

上で定式化したベイズモデルを状態空間モデルで表してみよう．
区間全体 $(0,T]$ を幅 Δ_i $(i = 1,\dots,N)$ の N 個の区間に分割し
て，$\lambda_i = \lambda(\sum_{j=1}^i \Delta_j)$, $|\Delta| = \max_i\{\Delta_i : 1 \le i \le N\}$ とすると，
十分小さい $|\Delta|$ で (8.13) の指数関数の肩は

$$-\frac{1}{2\gamma^2}\int_0^T \left\{\frac{d\lambda(t)}{dt}\right\}^2 dt \approx -\frac{1}{2\gamma^2}\sum_{i=1}^N \left(\frac{\lambda_i - \lambda_{i-1}}{\Delta_i}\right)^2 \Delta_i$$

$$= -\sum_{i=1}^N \frac{(\lambda_i - \lambda_{i-1})^2}{2\gamma^2\Delta_i} \quad (8.16)$$

と近似できる．したがって，事前分布はランダムウォークモデル
で近似でき，遷移確率は

$$p_\gamma(\lambda_i|\lambda_{i-1}) = \frac{1}{\sqrt{2\pi\gamma^2\Delta_i}}\exp\left\{-\frac{(\lambda_i - \lambda_{i-1})^2}{2\gamma^2\Delta_i}\right\} \quad (8.17)$$

で与えられる．これが状態モデルに対応する．

一方，観測モデルの点過程に対する最も直接的な離散化は，各区
間に高々1個のイベントしか入らないくらい十分小さい幅 $\Delta_i = \Delta$
で時間を等分割してベルヌーイ分布で近似することであるが (6.1
節)，時間ステップ数が多くなり効率が悪いので，ここではより
効率的な離散近似を導入する．そのためにまず，平均強度関数は
ゆっくり変化すると仮定し，隣り合うイベント間で値はほぼ一定
であるとする．

$$\lambda(t) \approx \lambda_i \quad (t_{i-1} < t \le t_i) \quad (8.18)$$

この仮定の下で (5.26) で与えられるイベント時刻の密度関数
$p(t_i|t_{i-1})$ は，λ_i が与えられた下でのイベント間隔 $y_i \equiv t_i - t_{i-1}$

の条件付き確率分布と見なすことができる.

$$p_\kappa(y_i|\lambda_i) = \frac{\lambda_i \kappa^\kappa (\lambda_i y_i)^{\kappa-1}}{\Gamma(\kappa)} e^{-\kappa \lambda_i y_i} \qquad (8.19)$$

これを観測モデルとして (8.17) と合わせると状態空間モデルが得られる. ランダムウォークモデル (8.17) の分散をスケーリングする時間幅は $\Delta_i = (t_i - t_{i-2})/2$ とする[3].

3) $\Delta_i = t_i - t_{i-1}$ とするよりも近似精度が多少改善される.

8.2.3 アルゴリズム

状態空間モデルが得られたので,あとは逐次ベイズ推定をガウス近似アルゴリズムで実装すればよい. 拡散事前分布を用いたアルゴリズムは以下にまとめられる.

1. (初期化) $\lambda_{1|1} = 1/y_1$, $V_{1|1} = 1/(\kappa y_1)^2$.

2. (フィルタリング) $i = 2, \ldots, n$ の順に以下を計算する[4].

$$\lambda_{i|i-1} = \lambda_{i-1|i-1} \qquad (8.20)$$

$$V_{i|i-1} = V_{i-1|i-1} + \gamma^2 (y_i + y_{i-1})/2 \qquad (8.21)$$

$$\lambda_{i|i} = \frac{1}{2}\Big\{ \lambda_{i|i-1} - \kappa V_{i|i-1} y_i$$
$$+ \sqrt{(\lambda_{i|i-1} - \kappa V_{i|i-1} y_i)^2 + 4\kappa V_{i|i-1}} \Big\} \qquad (8.22)$$

$$V_{i|i} = \frac{\lambda_{i|i}^2 V_{i|i-1}}{\lambda_{i|i}^2 + \kappa V_{i|i-1}} \qquad (8.23)$$

4) このモデルに対して (7.31) は $\lambda_{i|i}$ の 2 次方程式になるので陽に解くことができる.

3. (平滑化) フィルタリングの最後に求めた $\lambda_{n|n}$ と $V_{n|n}$ から始めて $i = n-1, \ldots, 1$ の順に以下を計算する.

$$\lambda_{i|n} = \lambda_{i|i} + C_i(\lambda_{i+1|n} - \lambda_{i+1|i}) \qquad (8.24)$$

$$V_{i|n} = V_{i|i} + C_i^2(V_{i+1|n} - V_{i+1|i}) \qquad (8.25)$$

$$C_i = V_{i|i}/V_{i+1|i} \qquad (8.26)$$

パラメータ $\{\kappa, \gamma\}$ の周辺尤度はガウス・エルミート求積法 (7.53) で計算し,ネルダー・ミード法で最大化する. 推定したパラメータ $\{\hat{\kappa}, \hat{\gamma}\}$ による状態の平滑化 $\{\lambda_{i|n}\}_{i=1}^n$ が平均強度関数の推定値 $\{\hat{\lambda}(t)\}$ になる.

8.2.4 データ解析

上記のアルゴリズムを神経細胞のスパイク時系列データに応用する. 解析するデータは, サルの LGN（外側膝状体）と V1（一次視覚野）の神経細胞から記録されたスパイク時系列である[5].

図 8.2 は LGN の神経細胞のスパイク列（図 8.2a のラスター表示）に対する結果である. スパイク頻度は時間とともに変化しており, その傾向は推定した平均強度（発火率）$\hat{\lambda}(t)$ で捉えられている（図 8.2a の実線）. シェイプパラメータの推定値は $\hat{\kappa} = 4.0$ であった. 対応する確率密度関数を図 8.2b（実線）に示す. 指数分布（点線）に比べて分布の幅は狭く, スパイク列はポアソン過程よりも規則的であることがわかる. このことを確認するため時間伸縮変換による残差分析（5.3.5 項）を行うと, 非一様ポアソン過程に基づくプロットは対角線から大きく逸脱し, KS 検定（有意水準 $\alpha = 0.05$）で棄却される（図 8.2c 点線）. LGN のスパイク列は確かに非一様ポアソン過程では説明できない. V1 の神経細胞のスパイク列に対しても解析を行い, 同様の結果を得た（図 8.3）. ただしシェイプパラメータ推定値は $\hat{\kappa} = 1.4$ であり, LGN のスパイク列に比べてポアソン過程に近い.

脳内の神経細胞は, 部位や機能によって固有の発火特性を持つことが知られている [14,20]. ここで解析した LGN と V1 の発火パターンの違いは, 神経細胞固有の特性（"くせ"）を反映している. この特性がシェイプパラメータ κ で捉えられているというわけだ.

[5] Neural Signal Archive (http://www.neuralsignal.org)

8.3 イベント発生の内因と外因の寄与を読み取る

イベントは様々な要因で発生する. それらの要因を "外生的要因（外因）" と "内生的要因（内因）" の 2 つに分けて考えてみる. "外生" とは物事やシステムの外で生じることであり, "内生" とは内部で生じることである. 例えば, SNS 上のコメント投稿をイベントと見なすと, 外部で生じた出来事（有名人のスキャンダルなど）についての直接コメントは外生的である一方, コメントに対するコメントは内生的である. 伝染病の感染をイベントとすると,

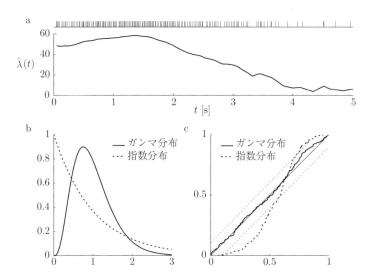

図 **8.2** LGN のスパイク列の解析結果. (a) スパイク列 (ラスター表示) と発火率推定値 (実線). (b) 実線は推定した $\hat{\kappa} = 4.0$ のガンマ分布. 点線は指数分布. (c) 残差分析と KS 検定 (有意水準 $\alpha = 0.05$). 実線は非一様ガンマリニューアル過程, 点線は非一様ポアソン過程.

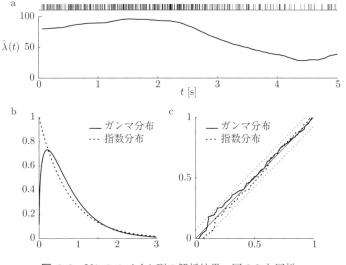

図 **8.3** V1 のスパイク列の解析結果. 図 8.2 と同様.

外部から流入する感染は外生的で，集団内での感染は内生的である．商品の購買をイベントとすると，広告の効果は外因であり，消費者同士の口コミは内因である．このように見てみると，イベント発生の要因を外因と内因に分けそれぞれの寄与を読み取ることは，SNS 上の炎上や伝染病の制御，商品の広告戦略において重要であることがわかる．本節では，イベント時系列データから外因と内因の寄与の大きさを読み取る方法を紹介する [12]．

8.3.1　ホークス過程によるモデリング

外因と内因に駆動されるイベント生成過程を，以下の条件付き強度関数を持つ非一様ホークス過程でモデル化する．

$$\lambda^*(t) = \mu(t) + \alpha \sum_{t_i < t} (1/\tau) e^{-(t-t_i)/\tau} \tag{8.27}$$

右辺第 1 項の $\mu(t)$ は外因に駆動されるイベント生成率（外生率）を表し，第 2 項は内因によるイベント生成率への寄与を表す．分枝比 α は 1 つのイベントが次に引き起こす平均イベント数であり内因の強さを表す．また，時定数 τ は次のイベントを引き起こすまでの平均時間である．ここで考える問題は，イベント時系列データから $\mu(t)$ と α と τ を推定することである．

時間区間 $(0, T]$ に発生した n 個のイベント $\{t_i\} = \{t_1, \ldots, t_n\}$ に対する外生率 $\{\mu(t)\} = \{\mu(t) : 0 \leq t \leq T\}$ の尤度関数は，(5.12) より

$$p_{\alpha,\tau}(\{t_i\}|\{\mu(t)\}) = \left\{\prod_{i=1}^{n} \lambda^*(t_i)\right\} \exp\left\{-\int_0^T \lambda^*(t)dt\right\} \tag{8.28}$$

で与えられる．外生率 $\{\mu(t)\}$ を推定するために，(8.13) と同様に変動の度合いについての事前分布を導入する．

$$p_\gamma(\{\mu(t)\}) \propto \exp\left[-\frac{1}{2\gamma^2}\int_0^T \left\{\frac{d\mu(t)}{dt}\right\}^2 dt\right] \tag{8.29}$$

すると，ベイズの定理より $\{\mu(t)\}$ の事後分布は

$$p_{\alpha,\tau,\gamma}(\{\mu(t)\}|\{t_i\}) = \frac{p_{\alpha,\tau}(\{t_i\}|\{\mu(t)\})p_\gamma(\{\mu(t)\})}{p_{\alpha,\tau,\gamma}(\{t_i\})} \tag{8.30}$$

と求められる．ここで分母の

$$p_{\alpha,\tau,\gamma}(\{t_i\}) = \int p_{\alpha,\tau}(\{t_i\}|\{\mu(t)\})p_\gamma(\{\mu(t)\})D\{\mu(t)\} \quad (8.31)$$

はパラメータ $\{\alpha,\tau,\gamma\}$ の周辺尤度である。経験ベイズ法の処方箋に従うと，推定の手順はまず周辺尤度 (8.31) を最大化するパラメータ $\{\hat{\alpha},\hat{\tau},\hat{\gamma}\}$ を選び，この値を代入した事後分布 (8.30) に基づいて外生率の推定値が求められる。

▌ 8.3.2 状態空間表現

上で定式化したベイズモデルを状態空間モデルで表現しよう。$\{t_1,\ldots,t_{i-1}\}$ が与えられた下での i 番目のイベント時刻 t_i の条件付き確率密度関数は (5.20) で与えられるので，これに (8.27) を代入すると

$$p(t_i|t_1,\ldots,t_{i-1}) = \{\mu(t_i) + \alpha\phi_i\}$$
$$\times \exp\left\{-\int_{t_{i-1}}^{t_i}\mu(t)dt - \tau\alpha\phi_i(e^{(t_i-t_{i-1})/\tau}-1)\right\} \quad (8.32)$$

が得られる。ここで ϕ_i $(i=1,\ldots,n)$ は初期値 ϕ_1 から始めて

$$\phi_i = (1/\tau + \phi_{i-1})e^{-(t_i-t_{i-1})/\tau} \quad (8.33)$$

で順々に求められる[6]。ここで (8.18) の近似と同様に，$\mu(t)$ はゆっくりと変化するとし，隣り合うイベント間ではほぼ一定であるとする。

$$\mu(t) \approx \mu_i \quad (t_{i-1} < t \le t_i) \quad (8.34)$$

この仮定の下で，(8.32) は μ_i が与えられた下でのイベント間隔 $y_i \equiv t_i - t_{i-1}$ の条件付き確率密度関数と見なすことができる。

$$p_{\alpha,\tau}(y_i|\mu_i) = (\mu_i + \alpha\phi_i)\exp\{-y_i\mu_i - \tau\alpha\phi_i(e^{y_i/\tau}-1)\} \quad (8.35)$$

外生率 $\{\mu_i\}$ の遷移確率は (8.17) と同様に

$$p_\gamma(\mu_i|\mu_{i-1}) = \frac{1}{\sqrt{2\pi\gamma^2\Delta_i}}\exp\left[-\frac{(\mu_i-\mu_{i-1})^2}{2\gamma^2\Delta_i}\right] \quad (8.36)$$

で与えられる。分散をスケーリングする時間幅は $\Delta_i = (t_i - t_{i-2})/2$ とする。(8.35) と (8.36) をそれぞれ観測モデルおよび状態モデルとする状態空間モデルが得られた。

[6] ここでは $\phi_i = \sum_{j=1}^{i-1}(1/\tau)e^{-(t_i-t_j)/\tau}$ を漸化式 (8.33) によって効率的に計算する工夫をしている。

8.3.3 アルゴリズム

状態空間モデル (8.35)–(8.36) に対する逐次ベイズ推定はガウス近似アルゴリズムで実装できる．拡散事前分布を用いたアルゴリズムを以下にまとめる．

1. （初期化） $\mu_{1|1} = 1/y_1 - \alpha\phi_1$, $V_{1|1} = 1/y_1^2$.

2. （フィルタリング） $i = 2,\ldots,n$ の順に以下を計算する[7]．

$$\mu_{i|i-1} = \mu_{i-1|i-1} \tag{8.37}$$

$$V_{i|i-1} = V_{i-1|i-1} + \gamma^2(t_i - t_{i-2})/2 \tag{8.38}$$

$$\begin{aligned}\mu_{i|i} = \big[&\mu_{i|i-1} - \alpha\phi_i - y_i V_{i|i-1} \\ &+ \{(\mu_{i|i-1} - \alpha\phi_i - y_i V_{i|i-1})^2 \\ &+ 4(V_{i|i-1} + \alpha\phi_i\mu_{i|i-1} \\ &- \alpha\phi_i y_i V_{i|i-1})\}^{1/2}\big]/2\end{aligned} \tag{8.39}$$

$$V_{i|i} = \frac{V_{i|i-1}(\mu_{i|i} + \alpha\phi_i)^2}{V_{i|i-1} + (\mu_{i|i} + \alpha\phi_i)^2} \tag{8.40}$$

3. （平滑化） フィルタリングの最後に求めた $\mu_{n|n}$ と $V_{n|n}$ から始めて $i = n-1,\ldots,1$ の順に以下を計算する．

$$\mu_{i|n} = \mu_{i|i} + C_i(\mu_{i+1|n} - \mu_{i+1|i}) \tag{8.41}$$

$$V_{i|n} = V_{i|i} + C_i^2(V_{i+1|n} - V_{i+1|i}) \tag{8.42}$$

$$C_i = V_{i|i}/V_{i+1|i} \tag{8.43}$$

[7] このモデルに対して (7.31) は $\mu_{i|i}$ の 2 次方程式になるので陽に解くことができる．

初期値 ϕ_1 の選び方について，これを $\phi_1 = 0$ に選ぶと $t = 0$ 以前の活動に由来する自己励起の影響はなくなる．一方で局所的な定常状態から開始する場合は，観測値の局所平均 $\overline{y} = \sum_{i=1}^m y_i/m$（例えば $m = 100$ に選ぶ）を用いて $\phi_1 = 1/\overline{y}$ とすればよい．

パラメータ $\{\alpha,\tau,\gamma\}$ の周辺尤度はガウス・エルミート求積法 (7.53) で計算し，ネルダー・ミード法で最大化する．推定したパラメータ $\{\hat{\alpha},\hat{\tau},\hat{\gamma}\}$ を用いた平滑化で求められる $\{\mu_{i|n}\}_{i=1}^n$ が外生率の推定値を与える．また，95%信用区間は $\mu_{i|n} \pm 1.96 \times \sqrt{V_{i|n}}$ $(i = 1,\ldots,n)$ と求められる．

8.3.4　データ解析

アルゴリズムを英語圏の SNS "レディット (Reddit)" のデータに
応用する[8]．レディットでは，ユーザーが "サブレディット (Sub-
reddit)" と呼ばれる掲示板を立てて，訪れたユーザたちが投稿や
コメントの書き込みをする．ここでは，サブレディット "world-
news" 内の "coronavirus" を含む投稿に対して書き込まれたコメ
ントを対象とした．2020 年 1 月 19 日から 2 月 19 日の間に書き
込まれた 223,545 個のコメントの投稿時刻をまとめて 1 つのイベ
ント時系列とした．図 8.4 上にコメント数のヒストグラムを示す．
この間に起こった主な出来事も一緒に記した（矢印）．これらの出
来事とともにコメント数が増加する様子を見て取ることができる．

[8] https://www.reddit.com

1 月 29 日から 2 月 5 日までの 1 週間と 2 月 7 日から 2 月 14 日
までの 1 週間のデータに対して，分枝比の推定値 $\hat{\alpha}$ は 0.84 およ
び 0.81，また時定数の推定値 $\hat{\tau}$ はそれぞれ 1,644 秒および 2,456
秒であった．これらの結果から，1 つのコメントに平均 0.8 個の
コメントが書き込まれ，書き込まれるまでの平均待ち時間は 30 分
程度と見積もられる．

それぞれの期間に対して推定した外生率の 95％信用区間を図 8.4
下の (a) と (b) に示す（灰色の領域）．これは何に対応しているの
だろうか？ここでレディットについて見てみると，まずサブレ
ディットに（多くの場合，外部で起こった出来事に関する）ニュー
ス記事や画像のリンク，テキストが投稿される．これらの投稿に
対して多くのコメントが書き込まれ，コメントに対してコメント
が書き込まれる．こうしてみると，一緒くたに扱ったすべてのコ
メントは，(i) 投稿に対して最初に書き込まれたコメントと (ii) コ
メントに対して書き込まれたコメントの 2 つに分けることができ
る．(i) のコメントは "外" の要因によって引き起こされた外生イ
ベントと見なすことができる一方で，(ii) のコメントはコミュニ
ティ内で発生した内生イベントと見なすことができる．データか
ら (i) のコメントだけを取り出して同じ図に太線で表示すると，確
かに推定した外生率（灰色の領域）に重なっている．アルゴリズ
ムは，投稿に対する最初のコメントとそれに続くコメントの割合
を正しく読み取ることができている．

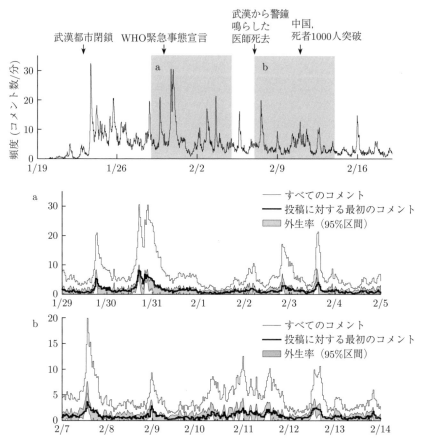

図 **8.4** 上：コメントが書き込まれた時刻列のヒストグラム．下：1 月
29 日から 2 月 5 日の 1 週間 (a) と，2 月 7 日から 2 月 14 日ま
での 1 週間 (b)．細線はすべてのコメントのヒストグラムであ
り，太線は投稿に対する最初のコメントのヒストグラム．灰色
の範囲は推定した外生率の 95 ％信用区間を表す．

8.4　感染症の実効再生産数の推定

　感染が拡大しているかもしくは収束しているかは**実効再生産数**と
いう指標で判定される．実効再生産数は，"（すでに感染が広がっ
ている状況で）1 人の感染者が平均何人にうつすか"を表す指標で
あり，1 より大きければ感染は拡大し小さければ収束していく．こ
こでは，新規感染者数の時系列から実効再生産数を推定する方法

実効再生産数：effec-
tive reproduction
number

を紹介し，COVID-19 のデータに応用する [9]．

8.4.1 カウント時系列モデル

i 日目に報告される新規感染者数を y_i とし，T 日目までの感染者数の時系列データ $\{y_1, \ldots, y_T\}$ が与えられているとする．まず，新規感染者数に対するカウント時系列モデルを構成しよう．ϕ_d を感染源の報告日と 2 次発症例の報告日の間隔 d の分布とする．i 日目に報告される感染者が $j(<i)$ 日目に報告される感染者から感染する確率は ϕ_{i-j} であるから，j 日目の実効再生産数を R_j として，j 日目の感染者から感染する頻度は $R_j\phi_{i-j}y_j$ で与えられる．これを初日 $j=1$ から前日 $j=i-1$ まで足し合わせると，i 日目の新規感染者数の頻度は

$$\lambda_i^* = \sum_{j=1}^{i-1} R_j \phi_{i-j} y_j \tag{8.44}$$

となる[9]．i 日目の新規感染者数 y_i は (8.44) を期待値パラメータに持つ負の二項分布 (6.12) に従うとする[10]．

$$y_i \sim \mathrm{NB1}(y_i; \lambda_i^*, \rho) \tag{8.45}$$

感染源と 2 次症例の間隔分布 ϕ_d には，平均 4.7 日と標準偏差 2.9 日の対数正規分布を仮定し[11]，累積分布関数

$$\Phi(d) = \frac{1}{2}\mathrm{erfc}\left(-\frac{\log d - \mu}{\sqrt{2\sigma^2}}\right) \tag{8.46}$$

を用いて

$$\phi_d = \Phi(d) - \Phi(d-1) \tag{8.47}$$

とする[12]．(8.44)–(8.47) が新規感染者数の時系列モデルである．

実効再生産数 R_j を状態空間モデルで推定するために，状態変数 x_j を導入して実効再生産数を状態の関数 $R_j = f(x_j)$ で与える．ここで，実効再生産数の非負性を保つために $f(x) = \max(0, x)$ を用いることにする．状態モデルにはコーシー分布 (7.64) を採用する[13]．

8.4.2 状態空間表現

上で定式化したモデルは，そのままでは状態空間モデルにはな

9) 簡単のため，感染の外からの流入は無視した．集団内での感染が圧倒的多数の状況ではこの影響は無視できる．

10) 感染の広がり方は一様ではなくクラスターを伴うので，感染者数の分布は過分散の傾向を示す．したがって，ここではポアソン分布ではなく過分散を持つ負の二項分布を用いることにした．

11) [15] の報告による発症間隔分布を用いた．

12) 対数正規分布のパラメータ $\{\mu, \sigma^2\}$ は，平均 $m = 4.7$ と標準偏差 $s = 2.9$ から $\mu = \log(m^2/\sqrt{s^2+m^2})$ および $\sigma = \sqrt{\log(1+s^2/m^2)}$ と求められる．

13) 緊急事態宣言等の対策による実効再生産数の急激な変化を捉えるためにガウス分布ではなくコーシー分布を用いることにした．

らない．というのは，(8.44) が初日 ($j=1$) から前日 ($j=i-1$) までの状態に依存するからだ[14]．これを状態空間モデルの形式に当てはめるためには，状態を適切に再定義して (8.44) を i 日目の状態のみの関数で与える必要がある．そのために，まず (8.44) の総和を過去 L 日目までの和で近似する．

$$\lambda_i^* = \sum_{j=\max\{1,i-L\}}^{i-1} f(x_j)\phi_{i-j}y_j \tag{8.48}$$

発症間隔分布 ϕ_d は d が大きいところでは無視できるので，L を十分に大きく取れば (8.44) のよい近似になる[15]．ここで改めて L 次元の状態ベクトル

$$X_i = (x_{i-1}, \ldots, x_{i-L}) \tag{8.49}$$

を導入すると，(8.48) は状態 X_i のみに依存し，X_i は以下の差分方程式に従う．

$$X_i = FX_{i-1} + G\xi_i \tag{8.50}$$

ここで

$$F = \begin{pmatrix} 1 & 0 & \cdots & 0 \\ 1 & 0 & \ddots & \vdots \\ \vdots & \ddots & \ddots & 0 \\ 0 & \cdots & 1 & 0 \end{pmatrix}, \quad G = \begin{pmatrix} 1 \\ 0 \\ \vdots \\ 0 \end{pmatrix} \tag{8.51}$$

であり，ξ_i はコーシー分布

$$p(\xi) = \frac{1}{\pi}\frac{\gamma}{\xi^2 + \gamma^2} \tag{8.52}$$

に従う確率変数である．(8.48) と (8.50) をそれぞれ観測モデルおよび状態モデルとする状態空間モデルが得られた．状態モデルはコーシー分布に従うので，粒子平滑化でアルゴリズムを実装すればよい（7.4 節）．

8.4.3 データ解析

COVID-19 の新規陽性者数データに応用してみよう．図 8.5 上に 2020 年 3 月 1 日から 7 月 18 日までの日本の新規陽性者数を

14) 状態空間モデルでは，観測モデルは現在の状態のみに依存し，過去の状態には依存しない．

15) 以下のデータ解析では $L=30$ とした．

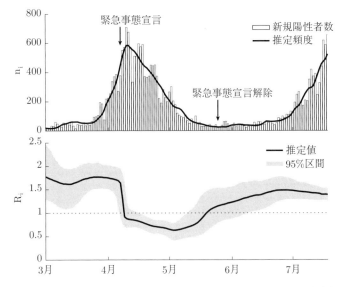

図 **8.5**　上：2020 年 3 月 1 日から 7 月 18 日までの新規陽性者数（棒グラフ）および頻度の推定値（実線）．下：実効再生産数の推定値（実線）と 95% 信用区間（灰色の領域）．

示す．新規陽性者数にみられる 1 週間の周期変動は，主に平日と週末の検査態勢の違いに起因する[16]．この変動の傾向は，曜日ごとに新規感染者数を集計したものを n_w（$w \in \{$ 月, 火, 水, 木, 金, 土, 日 $\}$）として，和が 1 になるように規格化した相対的な重み $\beta_w = n_w/\sum_{w'} n_{w'}$ で表すことができる．この変動の実効再生産数推定への影響を抑えるため，w 曜日の新規感染者数 y_i を $\tilde{y}_i = y_i/\beta_w$ と変換したものを以下のデータ解析に用いることにした[17]．負の二項分布 (8.45) のパラメータ ρ の値はデータから

$$\hat{\rho} = \frac{1}{T} \sum_{i=1}^{T} \frac{(\tilde{y}_i - \bar{y}_i)^2}{\bar{y}_i} - 1 \qquad (8.53)$$

と決めた[18]．ここで $\bar{y}_i = \sum_{j=-3}^{3} \tilde{y}_{i+j}/7$ は 1 週間の新規陽性者数の平均である．また，コーシー分布のパラメータ γ は対数周辺尤度 (7.75) を最大化する値に選んだ．アルゴリズムで用いる粒子数は $M = 10^6$ とした．

　以上のパラメータを用いて粒子平滑化で推定した実効再生産数を図 8.5 下に示す．実効再生産数は 4 月に急激に下がり 1 を下回る．緊急事態宣言が発出されたのは 4 月 7 日である．しばらく実

16) したがって，この変動は実効再生産数の変化によるものではないと考えられる．

17) この変換により生じる小数部は最も近い整数に丸め込んだ．

18) 負の二項分布 (NB1) の分散は $\mathrm{Var}(y) = (1 + \rho)\mathrm{E}(y)$ で与えられることに基づく．

効再生産数は 1 を下回るが，5 月 25 日に緊急事態宣言が全国で解除され，夏にかけて再び 1 を超えている．上と下の図を見比べると，実効再生産数の変化から数日遅れて新規感染者数が増減している様子が見られる．

参考文献

[1] D. R. Cox. *Renewal Theory*. Chapman and Hall, 1962.

[2] D. Daley and D. Vere-Jones. *An Introduction to the Theory of Point Processes Vol.2: General Theory and Structure*. Springer-Verlag, New York, 2nd edition, 2008.

[3] A. J. Dobson. *An Introduction to Generalized Linear Models*. Chapman & Hall/CRC, 1st edition, 1990.

[4] J. Durbin and S. Koopman. *Time Series Analysis by State Space Methods*. Oxford University Press, 2001.

[5] A. G. Hawkes. Point spectra of some mutually exciting point processes. *Journal of the Royal Statistical Society. Series B (Methodological)*, 33:438–443, 1971.

[6] A. G. Hawkes. Spectra of some self-exciting and mutually exciting point processes. *Biometrika*, 58:83–90, 1971.

[7] S. Koyama, S. M. Chase, A. S. Whitford, M. Velliste, A. B. Schwartz, and R. E. Kass. Comparison of decoding algorithms in open-loop and closed-loop performance. *Journal of Computational Neuroscience*, 29:73–87, 2010.

[8] S. Koyama, U. T. Eden, E. N. Brown, and R. E. Kass. Bayesian decoding of neural spike trains. *Annals of the Institute of Statistical Mathematics*, 62:37–59, 2010.

[9] S. Koyama, T. Horie, and S. Shinomoto. Estimating the time-varying reproduction number of COVID-19 with a state-space method. *PLOS Computational Biology*, 17:e1008679, 2020.

[10] S. Koyama, L. C. Perez-Bolde, C. R. Shalizi, and R. E. Kass. Approximate methods for state-space models. *Journal of American Statistical Association*, 105:170–180, 2010.

[11] S. Koyama, K. Shimokawa, and S. Shinomoto. Phase transitions in the estimation of event-rate: a path integral analysis. *Journal of Physics A: Mathematical and General*, 40:E383–E390, 2007.

[12] S. Koyama and S. Shinomoto. Statistical physics of discovering exogenous and endogenous factors in a chain of events. *Physical Review Research*, 2:043358, 2020.

[13] P. McCullagh and J. A. Nelder. *Generalized Linear Models*. Chapman & Hall/CRC, 2nd edition, 1989.

[14] Y. Mochizuki *et al.* Similarity in neuronal firing regimes across mam-

malian species. *Journal of Neuroscience*, 36(21):5736–5747, 2016.

[15] H. Nishiura, N. M. Linton, and A. R. Akhmetzhanov. Serial interval of novel coronavirus (COVID-19) infections. *International Journal of Infectious Diseases*, 93:284–286, 2020.

[16] W. H. Press, S. A. Teukolsky, W. T. Vetterling, and B. P. Flannery. *Numerical Recipes in C* 日本語版. 技術評論社, 東京, 1993.

[17] Mats Rudemo. Empirical choice of histograms and kernel density estimators. *Scandinavian Journal of Statistics*, pp. 65–78, 1982.

[18] H. Shimazaki and S. Shinomoto. A method for selecting the bin size of a time histogram. *Neural Computation*, 19:1503–1527, 2007.

[19] H. Shimazaki and S. Shinomoto. Kernel bandwidth optimization in spike rate estimation. *Journal of Computational Neuroscience*, 29:171–182, 2010.

[20] S. Shinomoto *et al.* Relating neuronal firing patterns to functional differentiation of cerebral cortex. *PLOS Computational Biology*, 5(7):1–10, 07 2009.

[21] D. L. Snyder and M. I. Miller. *Random Point Processes in Time and Space*. Springer, New York, 2nd edition, 1991.

[22] J. Zhuang, Y. Ogata, and D. Vere-Jones. Stochastic declustering of space-time earthquake occurrences. *Journal of the American Statistical Association*, 97(458):369–380, 2002.

[23] 岩崎 学. 『カウントデータの統計解析』. 朝倉書店, 東京, 2010.

[24] 島谷 健一郎. 『ポアソン分布・ポアソン回帰・ポアソン過程』. 近代科学社, 東京, 2017.

[25] 北川 源四郎. 『時系列解析入門』. 岩波書店, 東京, 2015.

[26] 矢野 浩一. 粒子フィルタの基礎と応用：フィルタ・平滑化・パラメータ推定. 『日本統計学会誌』, 44:189–216, 2014.

[27] 野村 俊一. 『カルマンフィルタ』. 共立出版, 東京, 2016.

[28] 萩原 淳一郎, 瓜生 真也, 牧山 幸史, 石田 基広. 『基礎からわかる時系列解析』. 技術評論社, 東京, 2018.

[29] 近江 崇宏, 野村 俊一. 『点過程の時系列解析』. 共立出版, 東京, 2019.

[30] 久保 拓弥. 『データ解析のための統計モデリング入門』. 岩波書店, 東京, 2012.

[31] 片山 徹. 『応用カルマンフィルタ』. 朝倉書店, 東京, 2000.

索引

著者紹介

小山 慎介 (こやま しんすけ)

統計数理研究所 准教授
2006年 京都大学大学院理学研究科 修了
2006年 カーネギーメロン大学研究員
2010年 統計数理研究所助教
2014年より現職

島崎 秀昭 (しまざき ひであき)

京都大学 准教授
2007年 京都大学大学院理学研究科 修了
2007年 日本学術振興会特別研究員PD
2011年 理化学研究所研究員
2016年 ホンダ・リサーチ・インスティチュート・ジャパン
　　　　 シニアサイエンティスト
2017年 京都大学特定准教授
2020年 北海道大学特任准教授
2022年より現職

装丁・組版　藤原印刷
編集　高山哲司

統計スポットライト・シリーズ 6

イベント時系列解析入門

2023 年 5 月 31 日　　初版第 1 刷発行
2024 年 10 月 31 日　　初版第 3 刷発行

著　者　　小山 慎介・島崎 秀昭
発行者　　大塚 浩昭
発行所　　株式会社近代科学社
　　　　　〒101-0051 東京都千代田区神田神保町 1 丁目 105 番地
　　　　　https://www.kindaikagaku.co.jp

印刷・製本　　藤原印刷株式会社

あなたの研究成果、近代科学社で出版しませんか？

▶ 自分の研究を多くの人に知ってもらいたい！
▶ 講義資料を教科書にして使いたい！
▶ 原稿はあるけど相談できる出版社がない！

そんな要望をお抱えの方々のために
近代科学社 Digital が出版のお手伝いをします！

近代科学社 Digital とは？

ご応募いただいた企画について著者と出版社が協業し、プリントオンデマンド印刷と電子書籍のフォーマットを最大限活用することで出版を実現させていく、次世代の専門書出版スタイルです。

近代科学社 Digital の役割

- 執筆支援 編集者による原稿内容のチェック、様々なアドバイス
- 制作製造 POD 書籍の印刷・製本、電子書籍データの制作
- 流通販売 ISBN 付番、書店への流通、電子書籍ストアへの配信
- 宣伝販促 近代科学社ウェブサイトに掲載、読者からの問い合わせ一次窓口

近代科学社 Digital の既刊書籍 （下記以外の書籍情報は URL より御覧ください）

詳解 マテリアルズインフォマティクス
著者：船津 公人／井上 貴央／西川 大貴
印刷版・電子版価格（税抜）：3200円
発行：2021/8/13

超伝導技術の最前線 [応用編]
著者：公益社団法人 応用物理学会
　　　超伝導分科会
印刷版・電子版価格（税抜）：4500円
発行：2021/2/17

AIプロデューサー
著者：山口 高平
印刷版・電子版価格（税抜）：2000円
発行：2022/7/15

詳細・お申込は近代科学社 Digital ウェブサイトへ！
URL: https://www.kindaikagaku.co.jp/kdd/

近代科学社Digital
教科書発掘プロジェクトのお知らせ

教科書出版もニューノーマルへ！
オンライン、遠隔授業にも対応！
好評につき、通年ご応募いただけるようになりました！

近代科学社 Digital　教科書発掘プロジェクトとは？

・オンライン、遠隔授業に活用できる
・以前に出版した書籍の復刊が可能
・内容改訂も柔軟に対応
・電子教科書に対応

　何度も授業で使っている講義資料としての原稿を、教科書にして出版いたします。書籍の出版経験がない、また地方在住で相談できる出版社がない先生方に、デジタルパワーを活用して広く出版の門戸を開き、世の中の教科書の選択肢を増やします。

教科書発掘プロジェクトで出版された書籍

情報を集める技術・伝える技術
著者：飯尾 淳
B5判・192ページ
2,300円（小売希望価格）

代数トポロジーの基礎
―基本群とホモロジー群―
著者：和久井 道久
B5判・296ページ
3,500円（小売希望価格）

学校図書館の役割と使命
―学校経営・学習指導にどう関わるか―
著者：西巻 悦子
A5判・112ページ
1,700円（小売希望価格）

募集要項

募集ジャンル
　大学・高専・専門学校等の学生に向けた理工系・情報系の原稿
応募資格
1. ご自身の授業で使用されている原稿であること。
2. ご自身の授業で教科書として使用する予定があること（使用部数は問いません）。
3. 原稿送付・校正等、出版までに必要な作業をオンライン上で行っていただけること。
4. 近代科学社 Digital の執筆要項・フォーマットに準拠した完成原稿をご用意いただけること（Microsoft Word または LaTeX で執筆された原稿に限ります）。
5. ご自身のウェブサイトや SNS 等から近代科学社 Digital のウェブサイトにリンクを貼っていただけること。
※本プロジェクトでは、通常ご負担いただく出版分担金が無料です。

詳細・お申込は近代科学社 Digital ウェブサイトへ！
URL: https://www.kindaikagaku.co.jp/feature/detail/index.php?id=1